FAST 开挖系统关键技术及安全性研究

沈志平 等 著

科学出版社

北京

内 容 简 介

　　本书对FAST开挖系统的设计、建造及安全性进行了系统研究。全书分为3篇10章，涉及FAST工程选址、开挖系统建造、台址开挖中心最优化选择、溶塌巨石混合体稳定性分析及加固、拉应力作用下的大型球冠形边坡稳定性评价、岩溶洼地生态及防排水综合治理、岩溶洼地超高边坡稳定性及动力响应特征分析、开挖系统长期稳定性监测和预警系统的建立等问题。第一篇介绍FAST工程概况，选址阶段的研究成果和开挖系统建造过程中开展的相关工作；第二篇介绍FAST开挖系统建造过程中遇到的5个岩土工程技术难题及所采用的关键技术，该篇也是本书的核心内容；第三篇介绍FAST开挖系统长期稳定性分析研究成果，并提出建立开挖系统灾害预警系统的工作架构。

　　本书图文并茂，理论与实践相结合，可供岩土工程、工程地质、水文地质、地质灾害防治等领域的工程技术人员，以及科研人员、高校教师、研究生等参考。

图书在版编目（CIP）数据

FAST开挖系统关键技术及安全性研究/沈志平等著 . — 北京：科学出版社，2018.6

　ISBN 978-7-03-057706-1

　Ⅰ.①F… Ⅱ.①沈… Ⅲ.①射电望远镜—基础开挖—研究

Ⅳ.① TU244.6

中国版本图书馆 CIP 数据核字 (2018) 第 115532 号

　　责任编辑：张井飞 韩　鹏 姜德君/责任校对：张小霞
　　责任印制：肖　兴/封面设计：耕者设计工作室

科学出版社 出版
北京东黄城根北街 16 号
邮政编码：100717
http://www.sciencep.com

三河市春园印刷有限公司　印刷
科学出版社发行　各地新华书店经销

*

2018 年 6 月第 一 版　　开本：787 × 1092　1/16
2018 年 6 月第一次印刷　印张：11 3/4
字数：279 000

定价：168.00 元
（如有印装质量问题，我社负责调换）

本书其他作者名单

（以贡献程度排序）

宋二祥	朱博勤	聂跃平	徐　明	余能彬	朱　军
陈德茂	闫金凯	吴　斌	李　颀	石雅镠	杨振杰
王文沛	孙　洪	袁江文	余永康	连江波	姚　亮
王　鸿	付君宜	孙玉进	孔郁斐	王蕴嘉	杜小平
姜　鹏	潘高峰	高晓芬	蔡　聪	谢　涛	李振庆

序　一

具有中国独立自主知识产权的 500m 口径球面射电望远镜（FAST），是世界已建造的口径最大、最具威力的单天线射电望远镜，其设计综合体现了我国科学技术创新能力。FAST 工程不仅在规模上是独一无二的，而且台址开挖系统的建造也独树一帜。台址开挖系统是 FAST 工程建造的基础平台。台址大窝凼洼地发育在碳酸盐岩地下河系统中，岩溶峰丛、洼地、落水洞极为发育。洼地内大量厚度较大的古岩溶作用遗留的巨石堆积体、周围山体斜坡上的危岩体，以及周围高陡的地形都给 FAST 台址开挖带来了前所未有的难题。

当时台址开挖系统设计采用全国公开招标方式，沈志平的汇报与台址开挖系统需要达到的目标相当接近，得到了 FAST 总工程师南仁东教授的好评和中国科学院国家天文台的认可，最终他的团队成为 FAST 工程台址开挖系统的核心技术团队。沈志平带领的技术团队不仅圆满地完成了台址开挖系统的全部设计任务，同时进行了大量的科学研究工作，取得了很好的研究成果，为 FAST 工程的顺利实施和精准运行做出了很好的贡献。

该书主要从多目标方法下的台址开挖中心最优化选择技术，溶塌巨石混合体稳定性分析及加固技术，台址球冠形边坡稳定性评价技术，岩溶洼地生态及防排水综合治理技术，超高边坡稳定性及动力响应特征分析等几个方面阐述了 FAST 台址开挖系统中的关键技术，并通过后期台址开挖系统安全性专题研究及灾害预警系统建立对台址的安全性做出评价。

该书由贵州正业工程技术投资有限公司 FAST 台址开挖系统核心技术团队领头人沈志平牵头，联合中国科学院国家天文台、清华大学土木工程系、中国科学院遥感与数字地球研究所、中国地质环境监测院的专家、教授共同完成。该书全面系统地反映了FAST 工程台址开挖系统建设的研究成果及工程应用，是迄今为止国内外大型岩溶洼地综合利用岩土工程方面集学术研究与工程应用为一体的第一本专著，其中凝聚着很多科研工作者和工程技术人员的心血。我很高兴为本书作序，并由衷地祝愿 FAST 能不断为天文科学的发展做出贡献，早日实现南仁东先生重树中国天文强国的梦想，告慰他的在天之灵。

中国科学院国家天文台台长

2018 年 4 月 8 日

序 二

　　坐落于贵州平塘大窝凼洼地的 500m 口径球面射电望远镜（FAST）工程堪称世界上最大的单口径射电望远镜。FAST 观测台址建设利用了天然喀斯特洼地带来的得天独厚的地形地貌条件。但是，由于洼地发育在贵州碳酸盐岩地下河系统中，遇到了复杂的工程地质和水文地质问题，其中涉及台址开挖中心的多参数优选与精确定位，大型喀斯特洼地陡崖斜坡危岩体，溶塌巨石混合体安全性评价及加固，台址开挖形成的高陡边坡群稳定性评价及加固，台址洪涝淹没灾害治理和排水工程设施及生态保护等工程技术问题。

　　在沈志平教授级高工的带领下，贵州正业工程技术投资有限公司联合国内多家科研单位一起协作攻关，通过台址开挖系统关键技术及安全性研究，有效地解决了台址开挖过程中遇到的各种复杂喀斯特工程地质问题，为 FAST 工程的建造及运行提供了安全可靠的措施，保障了基础安全，也成功展示出喀斯特洼地综合利用的一个新示范。该书正是在此基础上凝炼而成。

　　该书中包含了台址开挖系统关键技术及安全性研究成果，凝聚了沈志平及其团队的辛劳和智慧。其中内容涉及喀斯特洼地综合利用理论、喀斯特溶塌巨石混合体治理理论及方法、喀斯特洼地生态防排水技术、喀斯特洼地球冠形边坡的稳定性分析及治理等关键技术问题。不仅创新了喀斯特洼地综合利用的各种关键技术及安全性评价方法，也丰富和发展了喀斯特地区开挖建设理论，而且对喀斯特地区开发和促进地方经济可持续性发展，具有极重要的指导意义。

　　我很高兴能看到这样一部高水平的喀斯特洼地综合利用研究的学术专著问世，为此欣然作序。祝愿"中国天眼"取得更多更好的具有国际前沿水平的科技成果。

中国工程院院士

2018 年 3 月 1 日

—

前　言

　　大型射电望远镜建造设想始于 1993 年在日本东京召开的国际无线电科学联盟大会上，包括中国在内的 10 个国家的射电天文学家提出了"建造接收面积一平方千米的巨型射电望远镜"的国际合作计划，名为 Square Kilometre Array（SKA）。随后，中国科学院北京天文台（现国家天文台）开始主持 SKA 单元工程概念的预研究，并提出了利用贵州喀斯特洼地作为台址建造世界上最大的射电望远镜，即 500m 口径球面射电望远镜（five-hundred-meter aperture spherical telescope，FAST）的计划。2005 年 12 月中国科学院国家天文台正式选定贵州省平塘县克度镇大窝凼洼地为 FAST 工程的台址，2009 年 7 月贵州正业工程技术投资有限公司联合国内多家相关科研院所、高等院校，共同承担了 FAST 开挖系统的设计研究和后期安全性评价工作，取得了一批原创性科研成果。本书就是在此研究成果的基础上凝练而成的。

　　本书共分 3 篇 10 章，其中，第一篇共 3 章，对 FAST 工程基本概况及开挖系统建造进行了介绍；第二篇共 5 章，对 FAST 开挖系统建造过程中遇到的精确定位最优开挖中心、溶塌巨石混合体的评价及治理、大型球冠形边坡稳定性评价、岩溶洼地积水及生态保护、洼地内超高边坡稳定性评价及治理 5 个关键技术问题进行了研究；第三篇共 2 章，开展了 FAST 开挖系统长期稳定性分析研究，提出了开挖系统灾害预警系统建立的工作架构。各章节及主要研究人员如下。

　　绪论——由沈志平主笔，宋二祥、朱博勤、聂跃平等参与编写。介绍了 FAST 工程背景，开挖系统关键技术问题，以及与 Arecibo 台址开挖的技术难点比较。

　　第 1 章　FAST 工程概况——由聂跃平主笔，朱博勤、杨振杰、孙洪等参与编写。介绍了 FAST 工程选址、建造历程，以及大窝凼场地条件。

　　第 2 章　FAST 开挖系统建造多因素影响分析——由朱博勤主笔，李顺、石雅镠、姜鹏等参与编写。介绍了影响开挖系统建造的多因素指标，以及台址最优化开挖原则。

　　第 3 章　FAST 开挖系统建造——由朱军主笔，袁江文、余永康、姚亮等参与编写。介绍了 FAST 开挖系统建造时遇到的各种关键技术难题及其治理方案和施工技术。

　　第 4 章　多目标方法下的开挖中心最优化选择技术——由沈志平主笔，吴斌、姜鹏、杜小平等参与编写。分析了影响 FAST 台址开挖中心选择的多种因素，采用多属性决策的数学评价模型和 BIM（building information modeling）技术，精确求解出了最优开挖中心、馈源塔塔基、圈梁柱基和索网节点的空间坐标。

第 5 章　溶塌巨石混合体稳定性分析及加固技术——由闫金凯主笔，王文沛、连江波、李振庆等参与编写。通过数值试验研究了土颗粒粒径尺寸与主动土压力的关系，提出了多种溶塌巨石混合体加固结构。

第 6 章　下拉索拉应力作用下的大型球冠形边坡稳定性评价——由徐明主笔，宋二祥、付君宜、孔郁斐、高晓芬等参与编写。研究了多种不同外形边坡的稳定性，分析了下拉索拉应力作用下的 FAST 台址区局部球冠形边坡的稳定性。

第 7 章　岩溶洼地生态及防排水综合治理技术——由余能彬主笔，余永康、王鸿、蔡聪等参与编写。介绍了大型岩溶洼地工程建造的生态保护措施，并结合 FAST 工程所在区域的地质条件特点，研发了大型岩溶洼地防排水综合治理成套技术。

第 8 章　超高边坡稳定性及动力响应特征分析——由宋二祥主笔，徐明、孙玉进、王蕴嘉等参与编写。以 FAST 台址区两处超高边坡为例，研究了该两处边坡在加固前后及地震动力响应作用下的稳定性问题。

第 9 章　开挖系统长期稳定性分析研究——由吴斌主笔，朱博勤、姜鹏、潘高峰等参与编写。采用现场监测手段对 FAST 台址区布设的 97 个变形监测点进行长期监测，对台址区高边坡、危岩和溶塌巨石混合体的长期稳定性进行了评价。

第 10 章　开挖系统灾害预警系统建立——由陈德茂主笔，潘高峰、蔡聪等参与编写。介绍了影响 FAST 开挖系统安全的多种因素，以监测变形数据、降水量为判据，提出了开挖系统的灾害预警系统。

全书由沈志平统稿，前言和后记由沈志平执笔完成。

衷心感谢 FAST 工程首席科学家兼总工程师南仁东教授的关怀、鼓励、支持，在台址开挖建设中，给予了大量的指导。诚挚感谢 FAST 系统总工程师（地质）殷跃平研究员，他对项目的重大地质与工程问题亲自把关，提出了大量的宝贵意见和建议。衷心感谢中国科学院国家天文台严俊台长和中国工程院卢耀如院士为本书专门作序，并对本书的撰写提供了大力支持。诚挚感谢中国工程院钱七虎院士、中国科学院何满潮院士、中国工程院任辉启院士、中国工程院郑健龙院士、重庆大学刘汉龙教授、天津大学郑刚教授、长安大学彭建兵教授、大连理工大学唐春安教授、中国科学院地质与地球物理研究所李晓研究员、军事科学院张福明教授级高工、北京科技大学方祖烈教授对本书撰写提出的宝贵意见。

本书凝聚了全体执笔作者和参研人员的共同心血，在即将付梓之际，特向大家致以衷心的谢忱。

沈志平

2018 年 3 月 30 日

目　　录

第一篇　FAST 工程基本概况及开挖系统建造

第三篇　FAST开挖系统安全性研究专题篇

绪　　论

0.1　研究背景

1994 年起，大射电望远镜的选址工作正式展开。2006 年 12 月，中国科学院国家天文台正式选定大窝凼为 500m 口径球面射电望远镜（FAST）工程的台址。大窝凼位于贵州省黔南布依族苗族自治州平塘县克度镇金科村，北东距平塘县城约 85km，西南距罗甸县城约 45km，如图 0.1 所示。

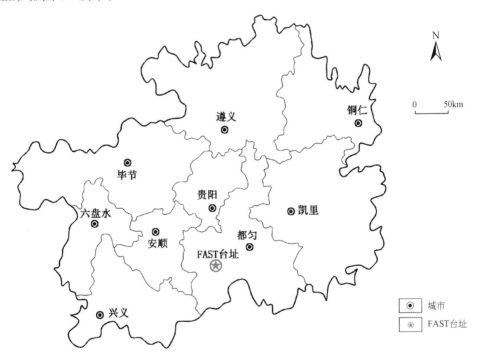

图 0.1　FAST 台址地理位置图

2009 年 7 月，贵州正业工程技术投资有限公司联合中国科学院国家天文台、清华大学土木工程系、中国科学院遥感与数字地球研究所和中国地质环境监测院组成 FAST 台址开挖系统技术团队，承担 FAST 开挖系统的设计研究工作；2014 年 9 月，联合申报了贵州省科技计划项目"国家天文台 500 米口径球面射电望远镜台址岩土工程安全性研究"（黔科合 SY 字 [2014]3086）。研究成果系统地解决了大型岩溶洼地，薄壳岩溶岩体精细开挖建设过程中，遇到的各种复杂岩土工程技术难题。通过台址开挖系统使用 4 年中的监测数据分析，论证了 FAST 工程使用的安全性。研究成果为 FAST 台址建设和正常运行提供了技术保障，项目团队将研究成果系统总结成专著《FAST 开挖系统关键技术及安全性研究》。

0.2　关键技术问题

FAST 是世界上利用大型岩溶洼地建设的最大工程，关键技术问题涉及望远镜开挖中心的多参数最优化比选与精确定位，大型岩溶洼地深切斜坡危岩体和溶塌巨石混合体的空间分布状况和对 FAST 的危害性，望远镜开挖形成的高陡边坡群的稳定性及工程加固，台址洪涝淹没灾害及生态保护。

0.2.1　精确定位最优开挖中心

FAST 工程是在岩溶洼地内修建一个口径 500m、张角约 120° 的球面射电望远镜。望远镜反射面系统包括以下几个组成部分：①内径为 500m 的圈梁；② 4355 块边长为 11m 的背架及面板；③ 6670 根主索构成的索网；④ 2225 个索节点、下拉索、促动器及地锚。这些组成部分对 FAST 台址区岩土也有相应的要求。正确处理好相应的工程矛盾，才能保证 FAST 开挖系统的顺利进行。

大射电望远镜主动反射面在洼地中的不同几何位置将反映不同的挖填工程量及不同的地质灾害治理面积，因此，如何最优化确定台址开挖中心是首要而又必须解决的关键技术难题。事实上，FAST 台址岩土工程开挖问题与边坡稳定性、不良地质体治理其至上部结构的建设和望远镜工作性能等问题都不是相互独立的，而是彼此密切相关的。台址的开挖要如何在设计标高下充分利用开挖线与地形的结合来控制挖填方量，如何按工程构筑物不同，分步、分别确定开挖形式，在开挖过程中如何确保溶塌巨石混合体、块石的稳定，以及合理设置开挖坡度保证开挖质量等都是需要考虑的一系列难题。在最优化定位开挖中心的基础上，需进一步解决以下几个相关的技术问题：①最优化定位 50 个支撑柱的平面位置；②最优化地定位 6 个馈源塔塔基的空间坐标；③精确求解球心和 2225 个索网节点连线与洼地地面的三维交点坐标；④平面表达球冠形体岩土开挖中的多要素、多维度信息。

0.2.2　成层分布、厚度变化较大、形态各异的危岩及溶塌巨石混合体

1）FAST 危岩及溶塌巨石混合体特征

（1）不稳定斜坡危岩。FAST 台址区受北东、南东两组共轭节理切割破坏、卸荷裂隙的切割及树木根劈作用的影响，陡坡和石崖上常见松动危岩体分布。现场调查发现单体超

过 1000m³ 的危岩块就有 5 处，其余多数为小于 10m³ 的危岩块，不时出现松动岩块的塌落，对工程建设造成一定的不良影响。洼地内危岩总方量达到 115764m³ 之多，其中处于不稳定状态的危岩就有 63 处。不稳定危岩多为近水平岩层面与近垂直结构面切割形成，未形成大规模滑移式危岩，其破坏类型为崩塌、倾倒、滑塌、滚落等一种方式或几种方式的组合，如图 0.2 所示。

(a) 崩塌型危岩（编号：WY98）

(b) 倾倒型危岩（编号：WY78）

(c) 滑塌型危岩（编号：WY62）

(d) 滚落型危岩空洞（编号：WY55）

图 0.2　FAST 台址不稳定斜坡危岩体现场照片

（2）溶塌巨石混合体（岩堆）。在大窝凼洼地底部及缓斜坡地带还分布有溶塌巨石混合体，在陡斜坡区局部也分布有较大面积的溶塌巨石混合体及零星的崩落块石。斜坡区的这类溶塌巨石混合体大多未胶结，结构松散，厚度较小；洼地底部的溶塌巨石混合体大多已胶结、结构较为密实，厚度大，最大厚度超过 60m。洼地内 48 处溶塌巨石混合体大部分处于整体稳定的状态，15 处为不稳定状态，25 处为基本稳定状态。FAST 溶塌巨石混合体规模大、类型复杂、结构复杂。根据《岩土工程勘察规范》（GB50021—2001）（2009 年版）3.3 条规定，粒径大于 2mm 的颗粒质量超过总质量 50% 的土，应定名为碎石土，因此溶塌巨石混合体应归为碎石土一类。考虑到 FAST 台址溶塌巨石混合体中多含有大块石（图 0.3），有的直径甚至超过 1m，其局部物理力学性能和岩体密切相关，不能完全用岩石或者土体来解释，这就决定了溶塌巨石混合体的稳定性评价标准与碎石土有很大区别。在有关规范和相应的手册中尚未有涉及溶塌巨石混合体的规定用来评价、解决实际工程问题。

(a) 架空的溶塌巨石混合体（编号：WY15）　　(b) 未胶结的溶塌巨石混合体（编号：WY93）

图 0.3　FAST 台址溶塌巨石混合体现场照片

2）溶塌巨石混合体稳定性分析

目前在实际工程中的稳定性问题，一般采用极限平衡法计算安全系数，由于岩体介质的复杂性，分析边界和工况的多变，用经典力学求解已经很难，甚至不可能实现。随着计算机技术的发展，数值分析方法在岩土工程领域获得了迅速的发展，为研究岩体工程问题提供了强有力的手段。常用的数值分析方法包括有限差分法、有限元法和边界元法，但是这几种方法与极限平衡法一样都是以连续介质为出发点，当溶塌巨石混合体粒径足够小时，可假设溶塌巨石混合体为连续介质，其计算结果符合工程实际；但当溶塌巨石混合体粒径较大时，已经无法将溶塌巨石混合体视为连续介质，其所得结果往往与工程实际误差较大。而 FAST 台址的溶塌巨石混合体中多为大块石，有的直径在 1m 以上。相对于 5 ~ 6m 的堆积厚度，已经无法将溶塌巨石混合体视为连续介质，基于连续介质假定的极限平衡法和有限元数值分析方法均不适用。因此需要寻求更为合理的分析方法，用来分析台址内溶塌巨石混合体的稳定性。

3）支护结构

由于岩溶洼地内的溶塌巨石混合体治理问题通常伴随着复杂的地形，其支挡结构往往形式各异。FAST 工程中就出现"特殊"的支挡结构用于治理溶塌巨石混合体，这些特殊结构由于传力路径不明确，结构形式复杂等，目前尚无相关规范用于设计指导，如何对这类特殊结构进行合理的受力分析并加以设计，是 FAST 工程中需要解决的难题。

0.2.3　开挖形成的边坡群

1）边坡总体分布

FAST 台址因工程建设的需要而开挖的土石方量达 88 万 m^3 左右，最终在大窝凼内部形成了一个"边坡群"，即边坡类型多、分布广、破坏形式复杂。FAST 边坡包括 1H 馈源塔边坡、3H 馈源塔边坡、5H 馈源塔边坡、7H 馈源塔边坡、9H 馈源塔边坡、挖方边坡 1、反射面高边坡、螺旋道路边坡、环形道路边坡等，如图 0.4 所示。

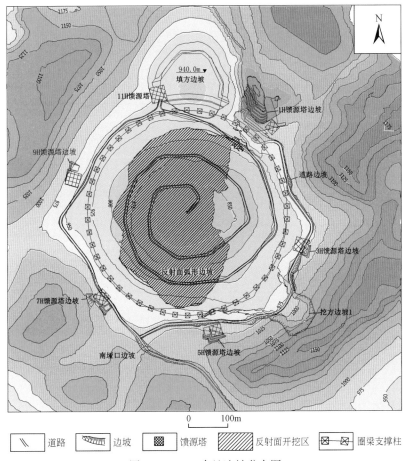

图 0.4　FAST 台址边坡分布图

2）超高边坡稳定性

边坡工程在工程建设方面已经占据越来越重要的作用，国内外学者及工程技术人员在边坡工程方面展开过大量的研究。然而对于高边坡甚至超高边坡的稳定性评价方法目前尚无规范用于工程设计，特别是岩溶洼地内超高边坡的研究尚未见文献报道。FAST 台址位于岩溶洼地内，边坡自然坡度陡，无放坡条件，在大窝凼内部形成了两处高度 100m 以上的超高边坡，如图 0.5 所示，边坡裂隙极为发育，给 FAST 工程的边坡治理带来了技术难题。

3）"球冠形"超大规模边坡稳定性

由于拟合 FAST 主动反射面的需要，在岩溶洼地内，环状圈梁以下形成了一个上陡下缓的球冠形边坡。边坡坡顶直径达到 700m，最大坡高达到 135m。边坡呈现 360°环状"凹坡"，其变形特征、破坏形式、稳定性评价与常见的长直边坡存在差异，其受力状态较为复杂。

台址区表面要承担反射面下拉索拉应力的作用，同时表面岩土分布极为复杂，有黏（沙）土夹块石区 1、黏土夹块石区 2、断层影响胶结较好区 3、断层影响胶结较差区 4、基岩破碎区 5、强风化基岩区 6、岩溶崩塌体区 7、董当断层区 8、小窝凼回填区 9、断层影响破碎基岩区 10、断层影响强风化区 11、断层影响溶蚀区 12、残坡积溶塌巨石混合体区 13、中风化较完整基岩区 14 共 14 个分区（图 0.6），如此复杂的地质条件，给地锚下拉索的设计带来诸多影响。

(a) 1H馈源塔边坡原始照片

(b) 1H馈源塔边坡现场治理照片

(c) 挖方边坡1原始照片

(d) 挖方边坡1现场治理照片

图 0.5　FAST 台址超高边坡现场照片图

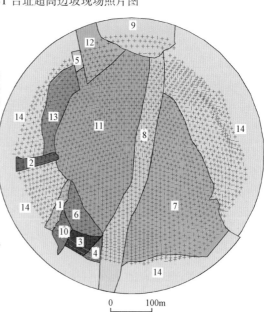

　1. 黏土、沙土夹块石区
　2. 黏土夹块石区
　3. 断层影响胶结较好区（钙泥质胶结）
　4. 断层影响胶结较差区（钙泥质胶结）
　5. 基岩破碎区（裂隙发育，黏土充填）
　6. 强风化（白云沙）基岩区
　7. 岩溶崩塌体区（黏土、钙质胶结）
　8. 董当断层区
　9. 小窝凼回填区
　10. 断层影响破碎基岩区
　11. 断层影响强风化区
　12. 断层影响溶蚀区
　13. 残坡积溶塌巨石混合体区
　14. 中风化较完整基岩区
　地锚投影点
　岩土分区线

图 0.6　FAST 台址岩土工程分区平面图

0.2.4　岩溶洼地积水及生态保护

大窝凼洼地发育在贵州到广西斜坡过渡带的大小井地下河系统中。大小井地下河系统落水洞发育，溶洞纵横密布，地表河与地下暗河之间转换频繁，暗河系统十分复杂，地表水具有陡涨陡落、峰量集中、涨峰历时短等山区性河流特点。FAST 工程的建设会破坏原有植被状态，势必引起地表径流量增加、径流水动力增大，因此在 FAST 建造和运营中必须解决好洼地内防排水和生态保护问题。

0.3　FAST 与 Arecibo 台址开挖技术难点比较 [1, 2]

目前世界上存在有约 90 余面口径 25m 以上的抛物面射电望远镜。表 0.1 中为世界上主要的单口径射电望远镜。

表 0.1　世界上主要的单口径射电望远镜

年份	国家	名称	口径 /m	反射面特点
1957	英国	Lovell	76	可动式
1961	澳大利亚	Parkes	64	可动式
1963	美国	Arecibo	305	固定式
1972	德国	Bonn	100	可动式
1982	日本	NRO	45	可动式
2000	美国	GBT	100	可动式
2006	中国	昆明	40	可动式
2006	中国	北京	50	可动式
2008	墨西哥	LMT	50	可动式
2008	意大利	SRT	64	可动式
2012	中国	天马	65	可动式
2016	中国	FAST	500	可动式

对于在大型岩溶洼地进行开挖建设的相关技术，FAST 之前国内缺乏相关的专题研究。在国外，有被评为"二十世纪十大工程之首"的美国 Arecibo 望远镜工程坐落于岩溶洼地内。FAST 工程与 Arecibo 望远镜工程相比，技术条件更复杂，需要解决的工程问题更多，

存在的问题主要有以下几个方面。

1）台址岩性不同导致的开挖技术难度差异大

Arecibo 台址处于东西向向斜轴部南侧、岩层平缓，台址岩性为海底突起的珊瑚礁岩。珊瑚礁岩具有结构疏松、多孔、性脆、硬度低及强度低等特点。而 FAST 台址出露地层为中三叠统凉水井组石灰岩，硬度低且强度较珊瑚礁岩大，岩溶强发育，加上董当断层的影响，场地地质环境及地质构造程度均复杂于 Arecibo 台址。因此，开挖技术条件更复杂、需要解决的岩土工程问题更多。

2）防排水条件不同

Arecibo 台址无排水廊道，台址积水时采用抽水泵将台址底部汇集的水排出台址外。而 FAST 台址相对高差大，最大相对高差 360m。如采用抽水泵解决洼地积水问题，则抽水动力高、且无合适的排水场地，因此，该方法既无经济上的优势，也不利于环境保护，不能达到一劳永逸的效果。

3）反射面的工作状态不同

Arecibo 望远镜反射面是被动式固定不动的，而 FAST 为主动反射面是可动的。FAST 主动反射面由上千个球面单元拼合而成，每个单元由 3 个促动器支撑和驱动，在计算机的控制下，能在观测方向形成瞬时 300m 口径的旋转抛物面，将来自太空天体的射电波信号进行聚焦。其工作特点和所观测的射电波频段（0.15 ~ 3GHz）决定了馈源接收机必须要实时跟踪焦点的位置变化，并且应具有高精度的位置和指向要求，指向误差不应大于 8″。因此，FAST 主动反射面的工作状态决定了台址开挖的高精度要求。

0.4　研　究　内　容

本书以 FAST 开挖系统为研究对象，针对 FAST 开挖系统建造过程中遇到的关键技术问题，为实现大型岩溶洼地高效安全的综合利用，进行了以下研究工作：

（1）采用多目标多属性决策的基数型方法对 FAST 台址开挖中心优化选择进行了研究；

（2）对 FAST 台址内溶塌巨石混合体的稳定性及加固技术进行了研究；

（3）分析边坡外形对稳定性的影响并对 FAST 球冠形边坡在拉应力作用下的稳定性进行研究；

（4）建立大型岩溶洼地防排水综合治理系统；

（5）对岩溶洼地内纵横裂隙发育的超高边坡稳定性及动力响应特征进行研究。

0.5　技　术　路　线

根据 FAST 开挖系统建造过程中遇到的岩土工程问题，在已有的台址区域野外调查、勘察等原始资料基础上，结合大量工程经验，开展多学科理论和多技术方法的集成和创新，为建造全球最大单口径球面射电望远镜提供了有力保障，技术路线如图 0.7 所示。

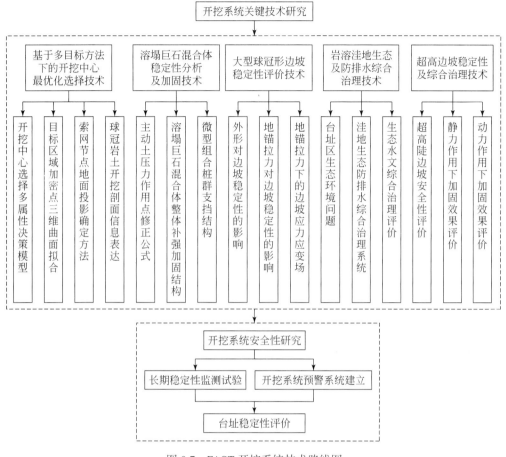

图 0.7　FAST 开挖系统技术路线图

0.6　主 要 成 果

（1）综合考虑影响开挖中心选择的诸多因素，建立了开挖中心选择多属性决策的数学评价模型优选出目标区域，进而通过对目标区域选择加密点进行三维曲面拟合精确求解出最优开挖中心的空间坐标，并对所得开挖中心的最优性加以验证，通过多属性决策精确优化后的开挖中心较初始开挖中心节约台址开挖系统建造成本约 50%，为大型岩溶洼地高效安全的综合利用提供了新的理论依据；在精确求解最优开挖中心坐标的基础上，进一步通过 BIM 模拟及仿真，最优化输出了 50 个支撑柱柱基及 6 个馈源塔塔基的空间坐标；首次提出了精确求解球心和索网节点连线与洼地地面三维交点坐标的空间解析方法用于精确求解索网节点坐标，以及大型岩溶洼地建造球冠形建筑场地表达多要素、多维度地质信息的时钟径向剖面技术方法。

（2）针对 FAST 台址区溶塌巨石混合体粒径普遍较大的问题，通过离散元法研究了圆形颗粒不同相对粒径下的主动土压力，得到土压力大小随颗粒粒径尺寸变化的规律曲线，根据规律曲线提出了主动土压力作用点修正公式，修正了库仑主动土压力计算理论未考虑粒径尺寸效应的不足；针对传统锚杆加固挡墙的不足，提出了"溶塌巨石混合体整体补强加固结构"，推导了该加固结构的抗滑稳定性和抗倾覆稳定性计算公式供类似工程使用；通过离散元法（UDEC）和有限元法分析了台址区内的一处溶塌巨石混合体稳定性，根据分析结论提出采用"微型组合桩群支挡结构"对其前缘进行加固，加固效果良好，为溶塌巨石混合体的治理提供了新方法。

（3）分析了多种不同外形边坡的稳定性，结果表明圆形凹坡稳定性大于长直边坡，坡度较小时圆形凸坡稳定性大于长直边坡，坡度较大时凸坡稳定性略小于长直边坡，分界坡度约为 80°；建立了 FAST 台址局部球冠形边坡在下拉索拉应力作用下的数值模型，研究结果表明下拉索拉应力对边坡无明显影响，无论是稳定性还是应力应变场，均与未受拉状态没有明显变化，为球冠形边坡的稳定性分析提供了新的分析方法。

（4）针对 FAST 工程开挖过程中产生的 888400m³ 土石方开挖工程量，采用 BIM 技术精确模拟计算挖方填方工程量，通过采用"碳酸盐岩填方地基滞水结构"、洼地底部的"岩溶洼地落水洞保护装置"及"岩溶洼地曲面暗渗排水结构"，成功地为工程建设提供了两处 10000m² 以上的大型回填拼装平台，同时降低了工程建设对地下水的干涉，为岩溶山区大型开挖工程的弃渣处理提供了新的优化解决方法；结合 FAST 工程所在区域的水文地质、岩溶发育及地形地貌等特点，采用适应于岩溶小流域的水文计算模型，分区精细计算每个微地貌内的洪峰流量，设计相应区域的截排水沟和排水隧道，建立了"岩溶洼地排水系统"，与"碳酸盐岩填方地基滞水结构""岩溶洼地曲面暗渗排水结构""岩溶洼地落水洞保护装置"共同构成的大型岩溶洼地综合防、排水系统。目前该系统已经历 5 个水文年的使用，应用效果良好。

（5）通过 UDEC 数值模拟，分析了台址区圈梁以上两处纵横裂隙发育的超高边坡加固前后的稳定性，计算结果表明，加固前两处超高边坡，其坡面沿着表层斜向裂隙发生大规模滑动，边坡内部未发生明显变形，加固后由于加固结构穿过边坡表层裂隙，边坡表面未发生滑动，稳定性提升显著；进而针对加固后的两处超高边坡分别进行动力响应数值模拟分析，结果表明，地震过程中，最大位移发生在坡顶且位移较小，整个地震过程没有破坏发生，地震结束后，边坡均产生了一定的微小变形，边坡稳定性良好。加固措施不仅在静力作用下避免了边坡坡面处的滑动破坏，在动力作用下同样能够很好地控制边坡的位移，显著提高边坡的稳定性，为岩溶地区纵横交错强烈发育裂隙的超高边坡治理及地震效应分析提供了新的分析方法。

FAST 开挖系统建造完成后，为保证 FAST 工程正常运行，同时检验上述关键技术的应用效果，项目团队于 2015 年 4 月～2016 年 9 月对台址区内高大边坡、危岩及溶塌巨石混合体进行了变形监测，结合第三方于 2014 年 1 月～2015 年 7 月测得的变形监测数据，得出台址区内监测点变形均呈现越来越小的变化趋势，表明 FAST 台址处于整体稳定状态。

第一篇 FAST 工程基本概况及开挖系统建造

第1章 FAST 工程概况

1.1 工程简介

FAST 是 500m 口径球面射电望远镜的简称。1993 年在东京召开的国际无线电科学联盟大会上，包括中国在内的 10 国天文学家提出建造巨型望远镜的计划，渴望在电波环境彻底毁坏前，回溯原初宇宙，解答宇宙学提出的众多难题。在这一科学原动力驱使下，各国研究团队开始了一代巨型射电望远镜的工程概念研究。1994 年起，通过持续不断的探索，中国天文学家提出在贵州喀斯特洼地中建造 500m 口径球面射电望远镜 FAST 的建议和工程方案。从初步的设想、选址、勘察、设计、施工至建成，历经 20 余年，几十家单位的通力协作和配合，于 2016 年 9 月 25 日正式投入使用。"北有鸟巢聚圣火，南有窝凼落星辰"，图 1.1 为 FAST 工程全景图。

图 1.1 FAST 工程全景图（无人机影像，2016 年 6 月）

FAST 项目建成球半径 300m，口径 500m，矢高 135m，是世界上最大的单口径射电望远镜[3]。FAST 与美国 Arecibo——305m 射电望远镜（图 1.2）相比，其灵敏度提高约 2.25

倍，且 FAST 工作天顶角为 40°，是 Arecibo 望远镜的两倍，大大增加了观测天区，特别是增大了联网观测能力。中国科学院国家天文台副台长郑晓年提出，作为世界最大的单口径望远镜，FAST 将在未来 20 ~ 30 年保持世界一流设备的地位。

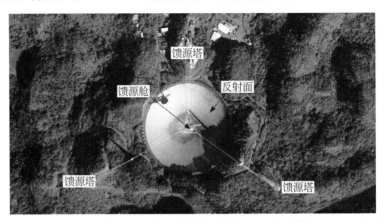

图 1.2　美国 Arecibo 射电望远镜遥感影像（直径 305m）（据 Google Earth）

FAST 项目具有三项自主创新，具体如下。

（1）利用贵州天然的岩溶洼地作为台址。巨型球反射面望远镜的建造，需要利用天然洼坑，这种地貌只发育在喀斯特地区。通过对黔南喀斯特地区进行多学科的台址评估，最终选取了贵州省平塘县的大窝凼洼地作为 FAST 台址。

（2）应用主动反射面技术在地面改正球差。通过主动控制，在 500m 口径基准球面上沿观测方向形成 300m 口径瞬时抛物面以汇聚电磁波，如图 1.3 所示，为了克服地球自转影响，抛物面约以 21.8mm/s 的速度（对应地球自转速度 15°/h）随着观测源的移动而在基准球面上移动，从而实现跟踪观测。FAST 创新的主动球反射面技术在球面改正球差，

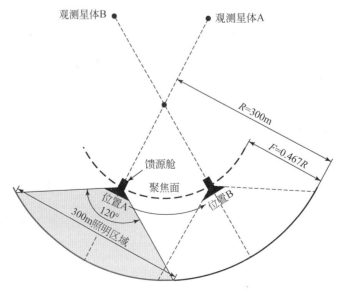

图 1.3　FAST 主动反射面工作原理

极大地简化了望远镜的馈源设计，实现了望远镜的宽频带与全偏振功能。

（3）光机电一体化的馈源索支撑系统。通过索驱动与并联机器人二次精调地结合，实现接收机的空间定位，采用先进的测量与控制技术，实现高精度的指向跟踪。

FAST 的建设引起了世界范围内的高度关注，我国媒体也多次进行了相关报道。2010 年，美国 Arecibo 天文台台长坎贝尔教授来中国科学院国家天文台指导工作，并作了相关的学术报告。2014 年，2006 年度诺贝尔物理学获奖者、美国著名天体物理学家乔治·斯穆特教授参观了 FAST 台址。

FAST 的建成，不仅会使我国跻身于世界天文强国之列，还将推动和促进我国天文学、力学、数学、系统科学、遥感信息、土木工程、材料科学、空间科学、电子学、计算机科学及相关基础工业的进步和发展，而且能够集成诸如天线制造、复杂空间机构及扰动环境下工作的并联机构、高精度定位与测量、高品质电子接收机、光纤通信、海量数据处理、强耦合、非线性、强时变性系统的控制等国际上众多高科技领域的新成果、新技术、新工艺。同时，有可能在贵州形成国际一流的学术交流中心、世界天文学的研究中心及新的旅游中心，并带动贵州科技园、教育、旅游、制造、信息、土建等产业的发展。FAST 主动反射面工作原理如图 1.3 所示 [4]，根据需要观测天体（如图 1.3 中的 A 和 B 所示）的角度，在 500m 口径反射面的不同区域形成直径为 300m 的抛物面（有效照明区域 [5]）。

1.2　选址研究

FAST 工程的选址于 1994 年由中国科学院国家天文台牵头，应用岩溶地质、遥感地质、工程地质等方法技术，研究了岩溶发育分布规律，在岩溶地貌发育良好的贵州南部，找到大量适合直径 200 ~ 500m 口径球面射电望远镜的岩溶洼地，并建立了预选区 400 个预选岩溶洼地的地形地貌信息数据库，最终确定了位于贵州平塘县大窝凼洼地作为 FAST 的场址 [6]。

具体选址研究工作如下。

1）区域选择研究

贵州南部地区是贵州高原向广西丘陵过渡地带，沉积岩厚近万米，可溶性碳酸盐岩占沉积岩总厚度的 65%。石灰岩、白云岩及两者间的过渡岩类，形成不同组合的岩组。不同的岩性组合，有着不同的比溶蚀度，其岩溶地貌景观也表现不同。在地表形成以溶蚀作用、溶蚀侵蚀作用及侵蚀溶蚀作用为主的岩溶地貌。

区域附近河流水力坡度小，下切微弱，地形较为平坦，与此相应多发育岩溶溶丘洼地；下游地段，水力坡度 8‰ ~ 13‰，下切强烈，地形起伏大，多形成岩溶峰丛深洼地及峰丛峡谷，洼地深 300m 以上；中游地段，水力坡度约 4‰，下切作用与侧蚀作用大体相等，因而多发育岩溶峰丛浅洼地，其直径在 250 ~ 800m，深 150 ~ 250m。

区域内受地形、地质构造、气候、水文网等因素的影响，岩溶地貌得到了良好发育，是寻找 FAST 台址所需洼地的最佳区域。贵州南部地质构造如图 1.4 所示。

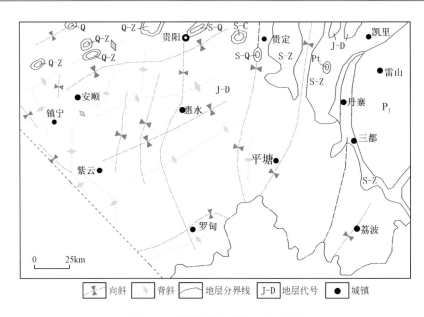

图 1.4　贵州南部地质构造纲要图

2）适配洼地的预选与优选

在确定了选址区域后，以区内 1 ∶ 25000 航空照片及 1 ∶ 10000 地形图为基础，应用地理信息系统（GIS）和全球定位系统（GPS）技术普查到可用于 FAST 台址单元的 400 多个预选洼地，如图 1.5 所示，并建立岩溶洼地信息数据库，初步筛选出 80 个喀斯特洼地。预选进入数据库的洼地应具备的条件见表 1.1。

表 1.1　FAST 选址平塘区洼地预选指标

入选条件	椭圆度	环绕山峰数	直径 /m	深度 /m
洼地	<1.5	≥ 3	> 300	> 100

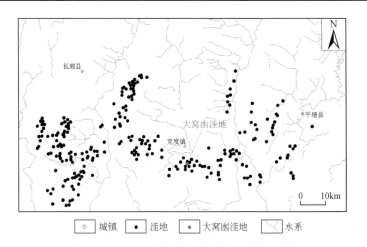

图 1.5　FAST 选址平塘区域岩溶洼地分布图

　　该岩溶洼地数据库还包括洼地长轴方位、长短轴之比、洼地深度、环绕峰数、直径、地理坐标、峰顶海拔等数据。由数据库生成统计结果如图 1.6 所示。通过统计结果，再综合考虑从不同工程技术角度、电波干扰屏障及科学目标重点的倾向性对洼地有不同需求，从而对洼地进行考虑综合筛选[6]。

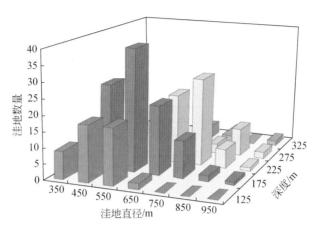

图 1.6　FAST 选址区平塘区域岩溶洼地参数直方图

　　岩溶洼地的几何形态是决定 FAST 开挖单元造价的关键因素之一。因此，为了得到反射面在洼地中的最佳位置，使工程岩土开挖量和填方量达到最小值，必须进行反射面与洼地的模拟计算。应用 GIS 技术和遥感图像处理相结合的方法，对初步筛选的 80 个喀斯特洼地进行了 1 ∶ 10000 地形图精度的形态分析。以 ILWIS 软件为工作平台，分别进行数据采集和编辑、矢量栅格数据转换及等值线插值，生成数字地形模型（DTM），以 DTM 影像为基础进行相对高程分类，叠加 DTM 网格和高程分类图像，实现岩溶洼地的三维显示。最后，根据各洼地的不同有效直径和动态变化的反射面参数设定直径与洼地进行拟合，得出反射面在洼地中的最佳位置和最大有效口径，并得出土木工程量估计。通过以上工作优选出 38 个洼地，并通过综合评价将贵州省平塘县大窝凼洼地评选为最优台址。

1.3　FAST 开挖系统建造历程

　　FAST 项目建设共包括六大系统，即台址开挖、主动反射面、馈源支撑、测量与控制、馈源与接收机、观测基地建设系统，各系统的构成图如图 1.7 所示。

　　虽然台址大窝凼的包络形状非常接近反射面球冠，但自然形成的洼地必须经过精细的开挖和修整，才能更好地契合望远镜的安装需求。台址开挖系统是 FAST 六大系统的基础体系，是 FAST 项目建设和运行的基本保障。FAST 台址建造包括以下几个阶段。

　　（1）选址阶段：1994 年 6 月 ～ 2005 年 12 月。

　　（2）勘察阶段：2006 年 2 月 ～ 2010 年 3 月。这一阶段主要包括初勘工作、详勘工作及专项勘察工作。2010 年对台址中心区 2km × 2km 范围开展了 1 ∶ 1000 高精度地形图

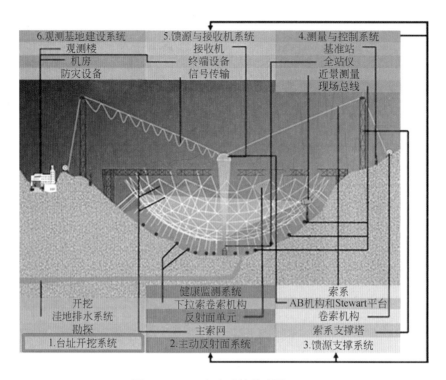

图 1.7　FAST 六大系统构成图

测量，以作为台址勘察和开挖的必要输入。后期在 2013 年 3 月完成了对台址开挖后中心区 0.8km×0.8km 范围更高精度数字化 1：500 地形图测绘，对望远镜主体下方地形有了更细致精确的描述。

（3）台址开挖设计阶段：2009 年 7 月～2012 年 12 月，这一阶段分为方案设计、优化设计、施工图设计及现场设计阶段。每阶段的工作内容为分别如下。

方案设计（2009 年 7 月～2010 年 1 月）：根据 FAST 台址开挖的技术要求，经过多种计算机软件的对比、分析，成功地将 Auto Civil 3D 软件应用到 FAST 台址开挖模拟技术中。通过该软件建立 FAST 工程的 BIM 模型，形象、直观地展现了 FAST 工程开挖前、中、后台址岩溶洼地各部位的真实情况，从而反演建设各阶段的技术、经济指标，指导本工程建设，从而确保 FAST 台址开挖设计工作顺利开展。

优化设计（2010 年 1～6 月）：主要包括 FAST 项目的总体设计、布局设计、土建工程量及费用的估算等。该阶段的核心设计主要是采用多属性决策的基数型方法综合考虑多因素来优化开挖中心，并结合 BIM 技术精确定位开挖中心空间坐标及六大馈源塔的选址方案，最终得到 FAST 台址开挖的最优方案。

施工图设计（2010 年 7 月～2011 年 2 月）：基于优化设计中优化方案的成果资料，绘制出正确、完整和详细的台址开挖设计图纸，包括建设该项目工程的详图、验收标准、方法、施工图预算等。

现场设计（2011 年 3 月～2012 年 12 月）：由于大窝凼场地地形、地貌及地质情况极其复杂，工程地质勘察工作难以覆盖全部，施工期间揭露的地质信息与详勘及专项勘察阶段提供的资料有差异，同时根据实际情况对原施工图进行修改设计，切实达到台址开挖设计安全适用、技术先进、经济合理、确保质量和保护环境的目标。

FAST 台址建造过程中，FAST 开挖系统技术团队在无相关的岩溶洼地建设开挖成熟经验的情况下，通过四个阶段岩土工程设计的不断优化，历时三年半，最终实现了从最初方案开挖投资 1.85 亿元，优化到最终开挖投资 0.89 亿元的最佳开挖效果。在此过程中获得了一批具有自主知识产权的岩土工程治理技术。

1.4　大窝凼场地条件

1.4.1　气象条件

台址区属亚热带季风湿润气候，四季分明，冬暖夏凉。年平均气温 16.3℃，最冷月 1 月平均 6.8℃，极端最低 –7.7℃；最热月 7 月平均 25.4℃，极端最高 38.1℃。年平均最高气温 ≥ 30℃ 的日数为 65.7 天，日最低气温 ≤ 0℃ 的日数为 14.1 天。平均无霜期 316.7 天。年平均降水量 1259.0mm，集中于下半年。年平均降水日数（日降水量 ≥ 0.1mm）174.5 天，日降水量 ≥ 5.0mm 的日数 57.1 天，暴雨日（日降水量 ≥ 50.0mm）3.6 天，大暴雨日（日降水量 ≥ 100.0mm）0.3 天。最大一日降水量曾达 172.0mm。年平均日照时数 1316.9 小时，占可照时数的 30%，以夏季为较多，冬季较少。年平均风速 1.4m/s，全年以东北风为多，夏季盛行南风，冬季盛行东北风。全年静风频率为 48%，1 月静风频率为 39%，7 月静风频率为 50%，年平均雨淞日数 1.6 天，最长持续时数超过 36 小时，雨淞最多出现在 1 月和 2 月。降水形式有雨、雪、雹、雾等。年平均总辐射 60675 kW/m^2，日照 1255 小时、日照百分率 28%；年平均相对湿度 81%。

1.4.2　地形地貌

贵州在地形地貌上处于挽近期强烈隆升的云贵高原东部向湖南丘陵过渡的斜坡地带，即新华夏系 NNE 向紫荆关断裂带和龙门山断裂带控制的全国地势第二级阶梯上。西部高原地形显著，中部地形起伏较大，为屹立于四川盆地和广西丘陵盆地之间的强烈岩溶化山原。东部地形系低山丘陵。西部册亨—遵义—道真一线以西地区，海拔一般为 2600 ~ 1600m，韭菜坪最高达 2900m；向东至沿河—黄平—荔波布尧一线，海拔多在 1500m ~ 1000m；再往东至铜仁—锦屏一带海拔仅 800 ~ 500m。

整个地势为 3 个次一级 NNE 走向的梯级面，梯坎基本与地表所见的 NNE 向断裂带吻合，大体与物探重力异常梯级带延伸方向一致，这充分反映了新华夏系 NNE 向断裂对贵州地形地貌的控制。

大窝凼洼地位于贵州省黔南布依族苗族自治州平塘县克度镇金科村，北东距平塘县城约 85km，西南距罗甸县城约 45km。大窝凼洼地所在地区总体位于贵州高原向广西丘陵过渡的斜坡地带，地势总体上北高南低，区域内碳酸盐岩广泛分布，岩溶峰丘、洼地、落水洞极为发育，地形起伏不平呈锯齿状，如图 1.8 所示（据贵州省建筑工程勘察院《中国科学院国家天文台 500 米口径球面射电望远镜（FAST）台址详勘岩土工程勘察报告》，以下简称《勘察报告》）。

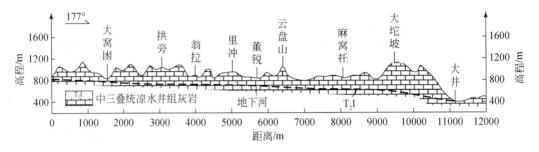

图 1.8　平塘大窝凼—大井地势图（据《勘察报告》）

大窝凼洼地包括大窝凼、小窝凼、南窝凼、水淹凼 4 个大型洼地。工程建设主体区为大窝凼洼地，大洼地底部原为稻田，地势平坦，底部标高 840.9m。东面、南面斜坡中部以上变成阶梯状石崖陡壁和陡坡，西面变成陡坡。小洼地位于大洼地北侧，其间被一梁状山脊分隔，隔梁顶标高 928.5m。小洼地底部标高 889.5m，底部原为竹林，外围为缓坡旱地，东侧斜坡中部以上为石崖陡壁，其余为陡坡，如图 1.9 所示。

图 1.9　大小窝凼地貌图（开挖前）

大小洼地边壁标高在 840.9 ~ 980.0m，组成一个相对闭合的大窝凼洼地，标高 980.0m 以上不闭合，东、南、西、北四面各有一个垭口，其中东垭口标高 1095.9m，经垭口通向丁家湾；南垭口与南窝凼相邻，标高 1003.1m，是大窝凼的主要出入口；西垭口最低，标高 981.2m，翻过垭口进入另一洼地，该洼地呈哑铃形，底部标高 940.6 ~ 953.1m；北垭口标高约 1050.0m，通向热路、底笋。大窝凼地形剖面形态近似平缓 U 形，水平方向断面的形状比较规则，近似圆形。

　　水淹凼洼地底部标高为 737.5m，位于大窝凼洼地东侧，之间被峰丛分隔。大井地下河主管道经过水淹凼，受地下河主管道涨水和大气降水影响，水淹凼每年被淹 1 ~ 3 次。不论当地是否降水，只要上游航龙河涨大水，水淹凼将被淹没，其水位具有上下涨落波动交替特点。水淹凼历史最大淹没高程 772.5m，比大窝凼现有地面约低 68.4m，比实测大窝凼深部地下水位最高值低 14.65m（图 1.10）。

(a) 无人机影像图

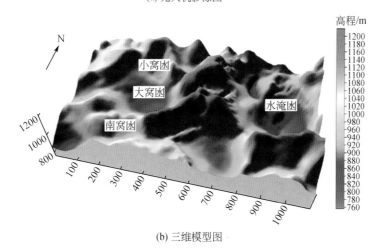

(b) 三维模型图

图 1.10　平塘大窝凼及附近水淹凼位置关系图

1.4.3　地层岩性

1. 区域地层岩性

　　台址区位于贵州省平塘县克度向斜东翼近轴部，轴部为三叠系，两翼向东向西分别出露二叠系和石炭系。区域地层岩性由下至上分述如下。

1）石炭系（C）

下石炭统大塘组（C_1d）：岩性变化大，下段为石英砂岩，中厚层灰岩夹页岩或硅质岩，厚 7 ~ 675m；上段主要为中厚层灰岩，瘤状及燧石灰岩，厚 300 余米。

中石炭统黄龙群（C_2hn）：上部为厚层块状致密灰岩，下部为块状结晶白云岩或白云质灰岩，厚 500m。

上石炭统马平群（C_3mp）：为块状致密灰岩，质极纯，厚 250m 左右。

2）二叠系（P）

中二叠统茅口组（P_2m）：由灰岩及瘤状白云质灰岩组成，厚 133 ~ 668m。

上二叠统吴家坪组（P_3w）：以中厚层燧石灰岩为主，偶夹硅质层、页岩，底部为一层不稳定的 25 ~ 30m 铁铅质黏土岩，局部含不连续的煤 1 ~ 5 层。

3）三叠系（T）

下三叠统大冶组（T_1d）：由薄至厚层灰岩及白云岩组成，厚 71 ~ 361m。

中三叠统小米塘组（T_2xm）：主要岩性为中至厚层细粒白云岩、白云岩化灰岩等，厚 500m 左右。

中三叠统凉水井组（T_2l）：主要为中至厚层致密灰岩、白云质灰岩，夹含泥灰岩，厚约 1600m。

4）第四系（Q）

分布零星，主要为坡积、残积红黏土及冲积砂砾层，厚 0 ~ 5.0m，一般为 3.0m。地形陡峻位置、洼地底部及斜坡地带有成层崩塌块石堆积层分布，厚 0 ~ 110.0m，一般为 20.0m，厚度变化大。

2. 台址区地层岩性

台址区内出露地层为中三叠统凉水井组（T_2l）上、中、下三段，即 T_2l^1 白云质灰岩、T_2l^2 含泥灰岩和 T_2l^3 白云质灰岩。洼地底部覆盖为第四系黏土层（Q_4^{dl}）。

大窝凼为 U 形岩溶洼地，地层岩性由黏土、溶塌巨石混合体、场地基岩中三叠统凉水井组组成。黏土仅分布于洼地底部，厚度一般 3 ~ 5m；溶塌巨石混合体分布于斜坡地带及下伏于洼地底部黏土层之下，厚度一般 5 ~ 50m，平均约 30m，浅表未胶结，中下部半胶结、胶结为主，均匀性差；T_2l 白云质灰岩、含泥灰岩出露于洼地上部陡坡地段，中至厚层状，属较软至较硬岩，岩体较破碎至较完整。根据相关岩土工程勘察报告，将场区岩土体共划分为 10 个质量单元，见表 1.2。

表 1.2 FAST 场区岩土单元划分表

序号	岩土单元名称	主要成分
1	A1 单元（T_2l^3、T_2l^1）	为较完整（局部完整）白云质灰岩
2	A2 单元（T_2l^3、T_2l^1）	为较破碎白云质灰岩
3	B1 单元（T_2l^2）	为较完整（局部完整）含泥质灰岩
4	B2 单元（T_2l^2）	为较破碎含泥质灰岩

续表

序号	岩土单元名称	主要成分
5	C1 单元	为较完整断层角砾岩
6	C2 单元	为较破碎断层角砾岩
7	D1 单元（$Q^{e^{-1}}$）	为密实块石
8	D2 单元（$Q^{e^{-1}}$）	溶塌巨石混合体
9	E1 单元（Q_4^{dl}）	黏土
10	E2 单元（Q_4^{dl}）	有机质黏土

1.4.4　区域地质构造

FAST 台址区地处扬子准地台黔南台陷贵定南北向构造变形区南端与广西山字形构造体系的复合部，区域地质构造较发育，构造线总体呈 SN 向展布，如图 1.11 所示。

1. 褶皱

区内区域性褶皱主要包括：克度向斜、砂厂背斜及董当向斜，各褶皱构造的基本特征描述如下。

克度向斜：是区内主要的褶皱构造，轴向总体呈 SN 向，轴迹延伸长达 50km。向斜轴部宽缓，两翼岩层产状稍陡，倾角为 5°～25°，东翼岩层产状较缓，倾角为 4°～18°，受断层影响，岩层产状达 5°～35°。

砂厂背斜：位于台址区南外侧，轴向总体呈近 EW 展布，核部由中、上二叠统的茅口组和吴家坪组地层组成，两翼地层为中、下三叠统大冶组、小米塘组和凉水井组，背斜南翼岩层倾角较陡，为 20°～30°，北翼较缓，岩层倾角为 10°～18°。

董当向斜：位于砂厂背斜南侧，轴向总体呈近 EW 向展布，轴部由中三叠统边阳组和小米塘组组成，两翼地层为下三叠统地层，向斜轴部较宽缓，岩层倾角为 4°～10°，两翼岩层产状较陡，南翼岩层产状倾角为 25°～30°，北翼岩层倾角为 10°～20°。

2. 断层

台址区内断层较发育，共发育五条规模不等的断层，按其展布方向可以分为 SN 向和 NW 向两组，尤以 SN 向组最发育，各断层的基本特征如下。

董当断层（F_1）：发育于克度向斜东翼近轴部处，是通过场地规模最大的断层，走向为 SN 向，区域上延伸长约 20km，错距 500～800m，断层破碎带发育，宽约 30m，断层角砾棱角分明，大小不等，有后期溶蚀和溶隙充填胶结现象，胶结物为钙质，充填物为碎石黏土，产状倾向为 265°～270°，倾角为 60°～75°，为一张性正断层。该断层两盘地层均为中、下三叠统和中、上二叠统地层组成。受断层影响，西盘岩层倾角达到 18°～35°，东盘稍缓，岩层倾向为 NE 向，倾角 4°～12°。两盘岩层相背倾斜。

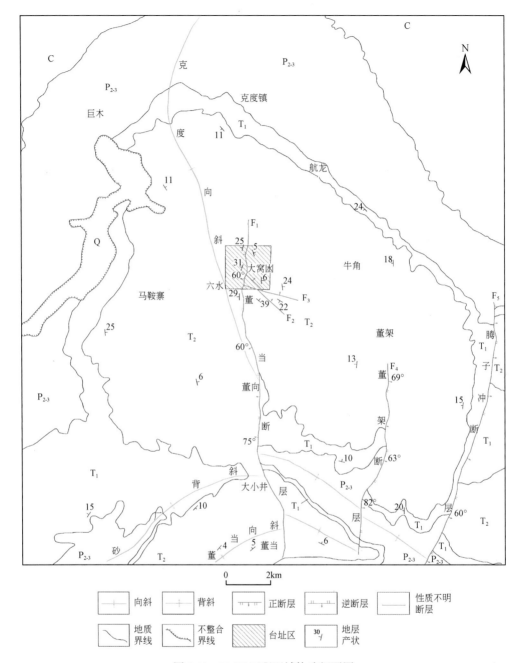

图 1.11　FAST 工程区域构造纲要图

　　店塘断层（F₂）：发育于董当断层东盘，在场地南缘被董当断层阻切，向南延伸又被（F₃）断层错切，走向为 NW 345°，延伸规模约 1km，断层破碎带发育，宽约 1.5m，由断层角砾岩组成，钙质胶结，断层面清楚，断层产状为倾向 NE 75°，倾角 86°，两盘岩层均为中三叠统的凉水井组灰岩、白云质灰岩、泥质白云岩，但受断层影响，两盘岩性明显相对或相背对倾斜，而且南西盘岩层产状较北东盘岩层产状陡，为一正断层性质。

F_3 断层：位于场地南外侧，走向为 NW 300°，向西延伸错切 F_2 断层，并被 F_1 断层阻切，延伸规模大于 2km，断层破碎带清楚，宽约 10m，由断层角砾岩及断层泥组，钙质胶结，断层倾向 NE 30°，倾角 80°，两盘岩层均为中三叠统凉水井组的岩性，断距不清，据地貌及岩性判断，为一张扭性断层。

董架断层（F_4）：位于董当断层东侧，与之相距约 6km，走向近 SN 向，区域延伸长约 10km，断层倾向东，倾角 63° ~ 82°，两盘地层均为中、下三叠统凉水井组、小米塘组和大冶组，地层断距约 200m，为一上盘下降的张性正断层。

腾子冲断层（F_5）：位于场地东外侧，相距 12km，北段走向呈 SN 向，南段走向为 NE15°，区域延伸长大于 15km，断层倾向东，倾角 50° ~ 60°，两盘地层均为二叠系及三叠系地层，地面断距约 300m，为上盘下降的张性正断层。

1.4.5　地震及活动断裂带

根据贵州省地质局于 1980 年完成的《贵州主要构造体系与地震分布规律》资料，经过大窝凼的董当断层（F_1）不是贵州主要构造体系，不属于挽近活动断层，为地区性的一般断层。工作区及克度镇周边的主要活动断裂有⑪松桃—碧痕营断裂带、㉒罗甸八茂断裂带、㊾惠水—边阳断裂带、㊿贵定中田坝断裂带、(51)平塘开花寨断裂、(52)都匀断裂、(53)独山断裂等，如图 1.12 所示。平塘县克度镇周边活动断裂、地震分布区所属构造体系特征及地震规模如下。

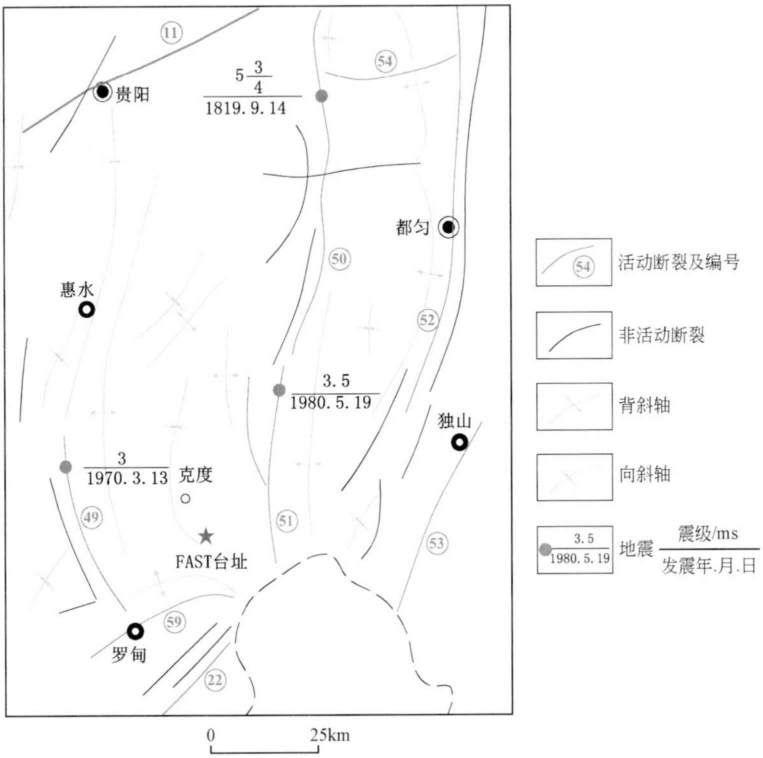

图 1.12　FAST 工程区域活动断裂分布图

1）松桃—碧痕营断裂带⑪

松桃—碧痕营断裂带属于新华夏构造体系。总体走向 NE55° ~ 60°，断层延长 570km 以上，北东延入湖南与大庸—慈利活动断裂带相交。断层面倾向为 SE 向或 NW 向，两盘地层为下江群至二叠系，破碎带显著，挤压强烈，拖曳褶曲发育，岩石具硅化。

由牵引褶曲及地质体的错移所指示的断层反钟向扭动清楚，力学性质属扭压性。断裂带南端碧痕营地区发育了复杂的第四纪断陷槽谷，其中的下更新统地层厚度达数十米，且微具倾斜和发育小断层。断陷槽谷附近历史地震较多，震级 4.8 ~ 5 级者就有四次，近年来小震又较为频繁。另外，在贵阳等地也有历史地震记载，断裂的挽近活动性质可能为扭张。

2）罗甸八茂断裂带㉒

罗甸八茂断裂带属于新华夏构造体系。走向 NE45°，长 35km，倾向为 SE 向或 NW 向，倾角 55° ~ 83°，切割二叠系—中三叠统地层，有燕山期辉绿岩侵入。断层破碎带发育宽 50 ~ 100m，由角砾岩、透镜状石英晶体团块组成，断层面沿走向及倾向均呈舒缓波状，具少量擦痕，属压扭性断裂。沿断裂带形成谷地和山鞍，断裂既控制了古近纪盆地的形成又切割了古近系。

3）惠水—边阳断裂带㊾

惠水—边阳断裂带属川黔经向构造体系。走向为 NE 向，呈向西凸出的弧形弯曲，延长 98km，北段主要据航片上的断裂形迹连接。断层倾向西，倾角 40° ~ 70°，表现为压性。破碎带发育，有角砾岩分布，并具牵引褶曲，断层发育在石炭系—三叠系地层中。它的挽近活动控制了自古近纪以来惠水地区断陷盆地的发育，以及现今河流的延伸方向同河曲的展布，并切断了古近系 - 新近系。断裂带上的惠水等地有历史地震记载，1970 年在断杉附近发生过 3 级地震。断裂的挽近活动在惠水地区明显表现为张性，断层三角面也较显著。

4）贵定中田坝断裂㊿

贵定中田坝断裂属于川黔经向构造体系。走向为 SN 向，长约 56km，黄丝断层以北倾向东，以南倾向西，倾角 40° ~ 70°，切割石炭系—中三叠统地层，局部见 20m 宽的破碎带，最大断距 500m，属压性断层。沿断裂带发育洼地或山间谷地，断层崖也明显。断层北段有低温热水出露，贵定附近在 1819 年曾发生过 5 .75 级地震，显示断裂的现代活动相对较剧烈。

5）平塘开花寨断裂(51)

平塘开花寨断裂属于川黔经向构造体系。总体走向为 SN 向，倾向西或东，倾角陡，长约 45km，切割石炭系、二叠系地层，断距最大 500m，属张性或压扭性断裂。断裂带具多期活动特点。在开花寨地区控制了新近纪断陷盆地的形成又穿切了古近系 - 新近系，断距 40m 左右。由于断裂的近代活动，在开花寨一带，现仍发育有规模不大的断陷盆地。旁侧断崖显著，1980 年还发生了 3.5 级地震。

6）都匀断裂(52)

都匀断裂属于川黔经向构造体系。走向为近 SN 向，倾向东，倾角 45° ~ 65°，延长 99km 左右，切割了中寒武统—中三叠统地层，最大断距 2000m，一般 200 ~ 500m，自北而南断活动也有显示，沿断裂带形成谷地、山鞍或陡距逐渐减小，断裂带发育了断层角砾岩，局部宽度达 50 余米，力学性质属压性断裂。其挽近缓地形的分界，在都匀地区发育条形断裂盆地，附近有低温热水出露。都匀城曾有过多次历史地震记载，1976 年尚有震感。

7）独山断裂⑬

独山断裂属于川黔经向构造体系。走向为 NE25° 左右，长约 60km。发生于泥盆系—二叠系地层中，一般向西倾斜，倾角较陡，断距可达数百至 2000 米。在独山附近，上部发育仰冲牵引褶曲，破碎带宽约 200m，由角砾岩和灰岩透镜体组成，影响带的破碎岩块上有巨大的构造镜面，其上擦痕陡斜；甲涝河附近的强烈挤压带宽约 100m，石炭系砂页岩十分破碎，断面上有宽约 5m 的直立岩带及构造透镜体、挤压片理等，阻水性良好；在南端新场附近，断裂穿切古近系，断距仅 30～40m，古近系－新近系还发育了 NWW—EW 向的张裂或扭张断裂。这些现象表明经向构造带的独山断裂，在形成时期可能为纵张断裂，之后经过多次活动，而现代表现为压或压扭性活动。

8）福泉黄丝断裂⑭

福泉黄丝断裂属于川黔经向构造体系。总体走向为近 EW 向，略呈向南凸出的弧形，延长 45km 左右。断层倾向南，倾角 58°～70°，切割上寒武统—中三叠统地层，断距东段为 1500m，西段为 200m，中段见断层角砾岩带宽 1.0～1.5km，属经向构造带的槽张断裂。断裂控制了志留系、泥盆系、石炭系地层的沉积。断裂带在地貌上形成山间谷地，旁侧断崖或断层三角面发育，在黄丝附近尚有断裂台地分布。断裂曾多期活动，且近代的活动性质为张性。

川黔经向断裂是工作区周边的主要活动断裂，就发震的具体构造位置而言，川黔经向断裂与伴生的近 EW 向断裂的交汇地段、与新华夏系 NE—NNE 向断裂的斜接或反接部位，易于发震。大窝凼及其附近没有川黔经向活动断裂、新华夏系活动断裂经过，不易发震。

1.4.6　水文条件及岩溶发育特征

1. 水文条件

台址区域内地表水体少见，岩溶地下河管道发育，流经台址工作区的摆郎河在平塘航龙一带落入地下向南径流，最后从罗甸董架大井和小井流出地表。大小井地下河自北向南径流，大窝凼属大井地下河系，地下水向东径流在水淹凼汇入主管道，或向东南方向径流在打多汇入主管道。大井地下河系主管道起于航龙，经高务、打多至大井，平水期流量 20～30 m³/s，枯季流量 6.6m³/s。大小井地下河系是坝王河的源头，在蚂蚁寨注入濛江，属珠江水系。

大窝凼洼地的地形地貌呈五边形的锥状负地形，峰洼高差 360.30m，洼地面积 0.15km²，洼地底面积 0.035km²，峰底洼地面积率为 6.5，根据相关勘察，从 1960 年以来，大窝凼在大降水之后的最大水淹高程约 842.15m，24 小时之内可消完，落水洞有较强的消水能力；大窝凼洼地西南侧六水洼地在大降水之后的最大淹没高程约为 826.0m。上游航龙河涨水之后，台址区范围内只有水淹凼被地下水上升淹没，每年 1～3 次，历史上最大的淹没高程约为 772.5m。

2. 岩溶发育特征

FAST 台址区地处红水河二级支流的坝王河中游，是贵州岩溶最发育的地区。周边 400km² 的范围内洼地分布密集，单个面积大于 0.0314km² 的较大洼地就多达 271 个，累计面积为 64.7km²，占台址区面积的 16.2%，且大多数洼地底部有 2～3 个落水洞。浅部近垂直方向的落水洞发育，深部以近水平方向的溶洞管道为主，地下溶洞纵横密布，地表河与地下暗河之间转换频繁，流经台址区的地表河均转为地下暗河。暗河系统十分复杂，具有岩溶地貌类型复杂、变化频繁等特点。

FAST 台址的 5 个垭口联合构成一个作用性质不同的地貌动力分界面。界面之上的锥峰，是水流作用过程的散流区，以相对均一的侵蚀作用为主，在演化过程中能保持形态的动力稳定。界面之下的洼地是水流作用过程的汇流区，是溶蚀、侵蚀作用下物质能量集中输运、转移地和堆积区，也是形态演变过程的快速区；而物质、能量输运转移主通道，即为呈 EW 向的大井地下水河系支流（大窝凼—水淹凼）地下管道系。因此，FAST 台址洼地是一种具有复杂双重结构的喀斯特地貌形态。在二维空间平面上，构成洼地分水线形成的封闭近五边形网络状（蜂巢状）结构。五边形的节结点，就是锥峰中心点所在位置，造成 FAST 台址锥峰、洼地、垭口等关键地貌要素错落有致的规则排列。锥峰、洼地正负地形的转换交接面是形态结构的水文地貌作用能量界面，一般表现为锥峰洼地间峰丛洼地形成的动力过程，包括强溶蚀动力过程、水动力过程、地貌动力过程，水文模式如图 1.13 所示。

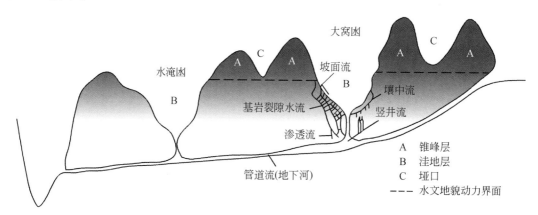

图 1.13　大窝凼锥状喀斯特水文模式图（据《勘察报告》）

洼地形成的地貌动力过程是当高出侵蚀基面一定高度的碳酸盐岩含水介质地块—峰丛洼地地貌动力过程，实质上就是在地貌双重结构下由高速流场驱动强溶、侵蚀作用下的一个向地貌动力平衡时态演化过程，也是地貌熵不断减少，从混沌向有序演化的一个耗散结构功能过程。

因此，FAST 台址区的岩溶现象可分为两大类型，第一类即古岩溶通道遗迹（标高842.0m 以上），大多随地壳抬升及后期的塌陷或剥蚀（水平岩溶以塌陷或剥蚀，垂直岩溶以塌陷）暴露于地表，水动力作用很弱，岩溶发育趋于停滞状态，处于老龄期的岩溶，如图 1.14 所示。

图 1.14　大窝凼 3H-4H 古水平溶蚀凹槽图

第二类为正在发展的岩溶现象，以垂直岩溶、水平岩溶两类为表现形式。垂直岩溶丛以大窝凼落水洞为中心呈渗流聚集中心袭夺，以垂直岩溶裂隙为主，多呈串珠状；水平岩溶以水平通道的管道形式发育，标高在 740.0m 以下，如图 1.15 所示。

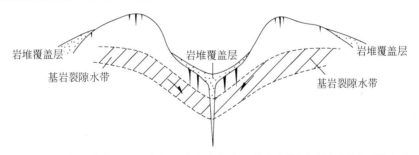

图 1.15　大窝凼降水漏斗形成与强渗流聚集中心袭夺态势图（据《勘察报告》）

1.4.7　地下水腐蚀性影响

通过水样水质分析显示（表 1.3），台址区域内地下水 Ca^{2+}、Mg^{2+} 平均含量分别为 76.06mg/L、33.23mg/L，SO_4^{2-}、Cl^- 平均含量分别为 28.40 mg/L、6.36mg/L，pH 平均值为 8.27，侵蚀性 CO_2 含量为 9.71mg/L，水样中未检出 CO_3^{2-}。

表 1.3　台址区地下水水样分析结果（据《勘察报告》）

分析项目	1 号水样	2 号水样	3 号水样
pH	8.92	8.21	7.69
Ca^{2+}/（mg/L）	71.33	72.84	84.02

分析项目	1 号水样	2 号水样	3 号水样
$Mg^{2+}/$（mg/L）	34.11	33.89	31.69
$SO_4^{2-}/$（mg/L）	32.11	32.94	20.17
$Cl^-/$（mg/L）	8.19	8.58	2.33
侵蚀性 $CO_2/$（mg/L）	27.71	1.42	0.00
$CO_3^{2-}/$（mg/L）	0.00	0.00	0.00

台址区域地下水为弱碱性的软水类型，属 HCO_3-Ca-Mg 型水。地下水对混凝土结构的腐蚀为弱腐蚀；地下水的 pH 平均值为 8.92，水对混凝土结构为微腐蚀性；地下水中的 Cl^- 对混凝土结构中的钢筋微腐蚀。

第 2 章　FAST 开挖系统建造多因素影响分析

2.1　开挖系统建造需求及多因素指标选取

　　根据 1.1 节的内容可知，FAST 是在大型岩溶洼地内修建一个反射面球冠口径为 500m、半径为 300m 的巨型射电望远镜。反射面由梁宽 12m、位于直径 506m 的圆周上的 50 个圈梁支撑柱支撑；6 个馈源支撑塔均匀分布于直径 600m 与圈梁同心的圆周上，FAST 总体方案图如图 1.1 所示。

　　FAST 六大系统中，台址开挖系统是六大系统的基础体系，是 FAST 项目建设和运行的基本保障。虽然 FAST 创新的工程概念开创了低成本建造巨型射电望远镜的新模式，但由于 FAST 是世界上建设于大型岩溶洼地上的最大工程，岩溶洼地岩溶强发育，工程重要性、场地复杂程度及地基复杂程度均为一级；国内无成熟的岩溶洼地开挖建设的行业经验；再加上天文构筑物这类高端设备构建时的高标准和高精度需求。因此，FAST 开挖系统的建造不仅是解决许多前所未有的岩土、水文及环境工程难题，更是一个考虑多因素影响下的最优化开挖问题。

　　影响 FAST 开挖系统科学合理建造的因素众多。除了需要考虑望远镜的建造成本及施工难易程度外，还需考虑望远镜的使用需求和工作性能等。

2.2　开挖最优化原则分析

　　FAST 台址开挖包括以下内容。

　　（1）开挖中心三维空间坐标最优化求解、圈梁支撑柱和馈源支撑塔位置的优化。

　　（2）土石方开挖及曲面暗渗排水回填。包括反射面球冠形开挖、圈梁部分的开挖、洼地山体放坡开挖及土石方有序回填等。

　　（3）边坡支护与地质灾害治理。包括开挖后的球冠面边坡及山体边坡的支护，溶塌巨石混合体和危岩的治理，溶塌巨石混合体视情况清除，危石必须清除。

　　（4）永久排水工程。包括地表防排水、洼地生态防护系统及排水隧道的形成。

　　（5）洼地检修道路。包括出渣道路、圈梁环形道路、通馈源支撑塔的道路和反射面下施工道路，以及道路边坡支护。

　　虽然开挖系统影响因素多且相互之间影响关系复杂，但为满足望远镜的安装需求和使用功能，必须遵循相应的开挖原则。并在满足开挖原则的基础上，考虑众多因素，实现 FAST 台址的最优化开挖。概括起来，开挖需遵循的原则如下。

（1）开挖中心三维空间坐标、圈梁支撑柱和馈源支撑塔位置的优化原则。相关优化原则见表 2.1。

表 2.1　FAST 台址开挖中心优化约束条件表

优化内容	约束条件	备注
开挖中心三维空间坐标	以开挖系统造价为约束条件，在空间中搜索所有可能的开挖中心	
馈源支撑塔位置	6 个馈源支撑塔等分分布在直径 600m 的圆周上，可整体旋转调整	望远镜每抬高 1m，结构成本增加约 100 万元，同时会一定程度地增加建造及维护难度
圈梁支撑柱位置	50 个圈梁支撑柱位于直径 506m 的圆周上，可整体旋转调整	

（2）土石方开挖及曲面暗渗排水回填。本部分的开挖原则是：①反射面下法线方向需留 4m 的净空间，因此开挖球冠面半径为 304m。当开挖球冠面标高大于地面标高时，不开挖，反之需挖到开挖球标高。②当地面高程大于 970.2m 时，距圈梁洼地侧约 15m（圈梁宽约 12m，道路宽约 3m）径向范围内挖到标高 970.2m；当地面高程小于 970.2m 时，无需开挖。③开挖精度为 ±0.2m，下有结构可超挖，但不能欠挖。④FAST 工程开挖将产生大量土石方，须寻找经济合适的填渣场。

（3）边坡支护与地质灾害治理。本部分优化的目标是：在保证安全的前提下，考虑望远镜的整体建造成本，最大限度地降低开挖与边坡工程量。

（4）永久排水工程。本部分的开挖原则是：根据汇水面积，综合考虑洼地开挖后的渗水能力的前提下，设计排水隧道的泄洪能力。FAST 工程反射面底部有大量机电装置，必须确保洼地不会在望远镜使用期间产生洪涝灾害。

（5）洼地检修道路。本部分的开挖原则是：①能保证施工机械通行；②避开下拉索及下拉索促动器与检修道路的干涉，保证最优路径和道路净空不小于 2.2m。

从本部分开挖设计内容的原则可以得看出：FAST 开挖系统建造时需要在遵循开挖原则的前提下，考虑多因素的影响，实现开挖系统最优化建造，为 FAST 的后期工作提供建设平台。

2.3　多因素影响分析

根据大窝凼的场地条件，结合开挖系统建造多因素指标可知，影响台址建造的影响因素众多，主要有：反射面开挖工程量、边坡开挖及地灾治理成本、望远镜工作性能、D2 单元清除系数、望远镜的维护和运营成本、是否有利于馈源塔塔基位置选择和是否有利于圈梁柱基位置选择，各个因素与开挖中心选择之间的耦合关系如下（表 2.2）。

（1）反射面开挖工程量：由洼地反射面开挖时产生，与开挖中心的平面位置与开挖深度有关。

（2）边坡开挖及地灾治理成本：需要考虑边坡开挖工程量，地灾治理面积越大，成本越高。随着开挖中心的降低，相应的成本越大。

（3）望远镜工作性能：望远镜位置越低，洼地屏蔽各种电磁波干扰的效果越好。

（4）D2 单元清除系数：D2 单元为溶塌巨石混合体，需尽量清除，否则会影响望远镜的后期安全运行，也大大提高了地质灾害的治理成本。与开挖中心的位置有关。

（5）望远镜的维护和运营成本：望远镜每抬高 1m，结构成本增加约 100 万元，同时会一定程度地增加建造及维护难度。与开挖深度位置有关。

（6）是否有利于馈源塔塔基位置选择：需要避开陡崖、溶塌巨石混合体、岩溶等不良地质现象密布地区，避免落入小窝凼洼地内。与开挖中心的位置有关。

（7）是否有利于圈梁柱基位置选择：需要避开高陡地形，降低圈梁基础建造的成本。与开挖中心的位置有关。

表 2.2　FAST 台址开挖中心影响因素分析表

影响因素	具体影响情况
反射面开挖工程量	越小越好
边坡开挖及地灾治理成本	越小越好
D2 单元清除系数	越大越好
望远镜工作性能	越有利越好
望远镜的维护和运营成本	越小越好
是否有利于馈源塔塔基位置选择	越有利越好
是否有利于圈梁柱基位置选择	越有利越好

2.4　本章小结

本章立足于巨型射电望远镜 FAST 的安装和使用需求，选取了 FAST 开挖系统建造的诸多影响因素，列出了 FAST 开挖系统台址建造的原则，为开挖提供了指导性的方向。并通过分析众多因素对方案选择的影响大小关系，为后续的方案选择研究提供依据。

第3章 FAST开挖系统建造

3.1 概　　述

FAST工程项目区南北长约1000m，东西宽约700m。项目区东南部为观测基地，中部利用大窝凼天然喀斯特洼地建设500m口径球面射电望远镜。望远镜反射面为预应力整体索网结构，由4355个边长11m的三角形索网构成，各三角形顶点都由节点连接，每个节点通过下拉索与安装在地面上的促动器连接。环绕500m口径射电望远镜基地对称布置有6个馈源支撑塔及50个圈梁支撑柱，反射面以下设置有2225个调节望远镜球面的径向促动器锚点。为保证工程正常使用和施工，车道须到达洼地底部及6个馈源支撑塔位置，步道到达所有径向促动器锚点位置，并在场地范围内，平整出不低于10000m²的拼装场地。

场地范围共有5个较大山峰，最高峰位于洼地南东侧，峰顶高程1201.2m，洼地980.0m标高以下组成一个相对闭合的负地形，洼地底部最低标高840.9m，最大相对高差360.3m，如图3.1所示。

图3.1 FAST工程地貌峰丛图

场地位于克渡向斜东翼，场区内共发育5条断层，其中董当断层（F_1）为张性正断层，从场地中部呈SN向贯穿，破碎带宽约30m，产状270° ∠60° ，断层两盘岩层产状变化较大，东盘岩层产状 40° ～ 120° ∠ 4° ～ 12°，西盘岩层产状较陡，总体产状为 290° ～ 320° ∠ 18° ～ 35°。场地岩体中共发育 4 组节理、裂隙，岩体被节理及后期形成的风化裂隙、溶蚀裂隙、卸荷裂隙切割得十分破碎。

场地出露地层为中三叠统凉水井组白云质灰岩及含泥质灰岩，上覆第四系主要为崩塌堆积块石（溶塌巨石混合体）及少量黏土层。地下水包含松散孔隙水及岩溶管道及裂隙水，松散孔隙水主要赋存于黏土及溶塌巨石混合体内，具水位埋藏浅、水量不大，受季节变化影响大的特征；岩溶管道及裂隙水埋藏深度大，主要受场地竖向及水平岩溶通道控制。

建设洼地内地形起伏大、坡度陡，构造及断层发育。高大陡崖、巨型危岩、大型溶塌巨石混合体、岩溶塌陷等不良地质现象发育，工程地质及水文地质条件极为复杂。共分布危岩（带）76 处，单体最大危岩体积超过 1000m³，总方量约 14.5 万 m³。分布有溶塌巨石混合体（含零星崩落块石）48 处，总方量约 415 万 m³，溶塌巨石混合体最大厚度超过 60m。洼地内存在多处陡岩边坡，最大边坡高度超过 120m，在 5H 方位尚存在大型岩溶塌陷。

从前面的描述可知：FAST 工程地质条件极为复杂、开挖受到的制约因素繁多、天文设备对开挖精度的要求高、台址建造技术难度和工程复杂程度大。国内外无成熟的工程经验可供借鉴，因此，FAST 台址的科学化开挖问题俨然成为了广大工程技术人员和科研工作者面临的前所未有的技术难题。

2009 年 6 月起，FAST 开挖系统技术团队立足于 FAST 天文构筑物特征及开挖需求，结合建设工程及水文地质条件，历时三年半，解决了 FAST 场地开挖中的以下技术难题，确保了 FAST 台址开挖工程于 2012 年 12 月 30 日正常竣工验收。

1）优化开挖中心点坐标

在满足射电望远镜功能需求的前提下，优化确定开挖中心点坐标及标高，减少开挖工程量和对不良地质体的扰动。

2）优化馈源支撑塔及圈梁支撑柱位置

优化馈源支撑塔及圈梁支撑柱位置，避免布置在稳定性差的不良地质体范围，减少因开挖造成新的不稳定体，并满足馈源支撑塔四脚位置最大高差不大于 30m。

3）危岩、溶塌巨石混合体及高边坡治理

合理判别危岩、溶塌巨石混合体及高边坡破坏形式，建立数值模型进行稳定性分析，根据稳定性分析结果确定合理的治理措施。

4）环形及螺旋道路

根据委托要求形成到达洼地底部的环形道路和到达各馈源支撑塔的道路，道路应避免与 2225 根促动器拉索之间的相互干扰，保证路面标高与拉索垂距不低于 2.2m。

5）促动器坐标的精确确定

在原始地面未开挖区域及开挖和回填坡面上，精确确定 2225 个径向投射的促动器，控制误差不大于 ±100mm。

6）土石方精细开挖

拟开挖面为球冠面，开挖精度要求不大于 ±200mm。

7）拼装场地建设

在场地范围建设不小于 10000m² 的拼装场地。

8）洼地截排水

场地为封闭洼地，汇水面积较大，暴雨时短时间内将汇集大量降水。为保证望远镜安全，需设置合理有效的截排水设施。

9）生态环境恢复及保护

开挖及建设破坏了洼地内脆弱的生态环境，在建设过程中需考虑对洼地生态环境的恢复和保护措施。

3.2　球冠形开挖及曲面暗渗排水填方工程

3.2.1　球冠形开挖工程

1）球冠形开挖设计

FAST 大窝凼台址参数如下：反射面球半径 R=300m，球冠张角 θ=120°，主动反射面口径 D=500m，球心相对坐标（X=−4.1349，Y=0.7134，Z=838.000m）；开挖球冠面与反射面之间的垂直净空距离不小于 4m，即 R=304m，球底高程 Z=834.000m，台址原地貌最低标高 840.9m。根据开挖需求及开挖区域平面分布情况，可将开挖范围分为 5 个区：①反射面开挖区；②圈梁开挖区；③环形检修道路开挖区；④螺旋检修道路开挖区；⑤馈源塔平基开挖区。各开挖区在平面上的分布如图 0.4 所示。

各开挖区的开挖关键要点如下。

（1）反射面球冠形开挖区、螺旋检修道路开挖区：反射面共分 21 个台阶分级开挖形成，分阶高度 5 ~ 10m，各分阶开挖范围采用不同开挖直径和开挖标高进行控制。各分阶范围内螺旋检修道路的路基应结合各平台统一开挖形成。开挖后的球冠面效果图如图 3.2 所示。

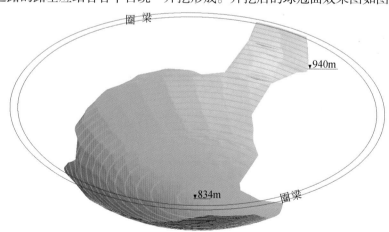

图 3.2　FAST 台址开挖后的球冠面效果图

（2）圈梁开挖区、环形检修道路开挖区：环形圈梁、环形检修道路以上区域土石方开挖根据设计按 1 ∶ 0.3 坡率，每 10m 高设置 2m 宽平台控制进行开挖。

（3）馈源塔平基开挖区：6 个馈源塔均处于斜坡地带，如直接在现有地形修建，塔基高程差不能满足要求。根据馈源塔设计单位提供的各馈源塔塔基允许高程差，对馈源塔位置进行平基开挖，开挖平面上以能满足馈源塔及附属机房的布置，并预留一定的施工作业面，竖向以满足各馈源塔塔基允许高程差作为控制。土石方开挖根据设计按 1 : 0.3 坡率，每 10m 高设置 2m 宽平台控制进行。

2）球冠形开挖施工技术

反射面区域要求尽量按开挖方案开挖形成球面，开挖精度要求高，因此开挖方案的制订及开挖过程中的测量控制是保证开挖质量的关键。反射面开挖施工前，对大窝凼现有落水洞洞口不小于 3 倍范围内采用大块石人工堆填，块石粒径不小于落水洞洞口直径，堆填高度不小于 2m，同时采用土工膜覆盖，对落水洞进行保护，使施工过程中原有排水系统通畅[7]。场区土石方开挖应严格贯彻"有序次开挖"的原则，坚持由上至下、断面分割、化大为小的原则。开挖严格按照如下顺序进行。

第 1 步：人工清除挖方区域植被层，同时清除危险性较大的危石。

第 2 步：做好地表截排水措施，待排水工程施工完成后，边坡自上而下分层进行开挖。

第 3 步：由于挖方区大部分地段坡度较大，大型设备较难发挥作用，需采用人工或轻型设备对开挖区上部进行清除和开挖，直至具备大型机具施工条件区域。该部分挖方量直接抛于大窝凼，待出渣道路形成后统一运至堆场。

第 4 步：大型机具开挖，出渣道路形成，同时每开挖一定高度后，需等待必要的支护工程完成后方可进行下一个作业面的开挖。

3.2.2　曲面暗渗排水填方工程

FAST 地区属于典型的岩溶山区，峰丛交替，地貌高低起伏变化大，没有平整场地供施工使用，因此需要在岩溶洼地内建造大型施工平台，对洼地进行回填处理，以获得理想的平坦场地。洼地具有明显的汇水作用，如在回填之前不做好洼地汇集水的排放工作，会使洼地汇集的水大量滞留，势必对填方体带来极大的安全隐患。因此，如何在回填时有效排放洼地汇集的地表水，是洼地回填时需要解决的问题[8]。

基于上述需求，设计时充分利用开挖土石方，在北部小洼凼及南部南洼凼洼地进行回填处理。在小洼凼形成大于 10000m^2 的拼装场地，在南洼凼形成约 15000 m^2 的安装工程临时施工场地。

1）填方特征

小窝凼堆场位于场区北侧小窝凼，最大回填标高 940.0m，填方量 56.04 万 m^3，最大堆填高度 49m。南侧堆场，最大填方容量 99 万 m^3。

2）填方工程压实工艺

采用振动碾压法，振动压实是利用固定在一定质量物体上的振动器所产生的激振力，迫使被压实材料作垂直强迫振动，急剧减少颗粒间的内摩擦力，使颗粒靠近，密实度增加，从而达到压实目的。这种压实的特点是作用面应力大，过程时间短，加载频率较大，同时还可以根据不同的填筑材料的压实厚度合理地选择振动频率和振幅，以提高压实效果，减少碾压遍数，增加施工工效。根据国内大量工程经验，如采用振动平碾，有效分层压实厚度一般 0.3 ~ 0.8m，填料要求最大公称直径不大于分层厚度的 2/3。

小窝凼堆场最大回填高度 49m，环形检修道路穿过该回填区，南侧堆场最大回填高度 25m。由于小窝凼堆场区域拟作为后期拼装场地使用，根据场地工程地质条件，结合回填区域的后期使用功能，采用振动平碾对回填土石方进行处理。南侧堆场目前只作为排土场使用，后期考虑复垦。

3）填方工程设计回填要求

（1）回填前必须清除植被层，且清除的植被层不能作为填料回填，可统一堆放作为后期绿化及复垦使用，对坡度起伏较大区域（原地形坡度大于 1 ：5 的填方边坡区域）采用放阶处理；放阶高度 1 ~ 2m，阶宽不小于 1.0m，以利于填方体的总体稳定。同时对小窝凼底部铺填不小于 2m 厚的大块石，块石粒径不小于 800mm，对原有岩溶排水通道进行保护。

（2）采用台址开挖产生的土石方作为填料，爆破后的碎石填料按下列要求进行级配。并满足式（3.1）：

$$C_u=d_{60}/d_{10} \geqslant 5, 1 \leqslant C_s=(d_{30} \times d_{30})/(d_{60} \times d_{10}) \leqslant 3 \qquad (3.1)$$

式中，C_u 为不均匀系数；C_s 为曲率系数；d_{10} 为过筛重量占 10% 的粒径；d_{30} 为过筛重量占 30% 的粒径；d_{60} 为过筛重量占 60% 的粒径。

（3）清表工作完成后，再铺填排水层。排水层填料为粒径 300 ~ 800mm 的块石，厚度为 2m；排水层铺填完成后，再铺填反滤层。反滤层填料为粒径 4 ~ 300 mm 的细石，厚度为 500mm。反滤层设计压实厚度为每层 800mm，回填顶面以下 300mm 范围内控制最大填料粒径不大于 150mm。

（4）填料铺填采用渐进式法，以便回填时尽量做到填料上细下粗，使细粒填料能更好地充填空隙，增加压实后的密实度。

（5）填方临空一侧按 1 ：1.5 进行放坡处理。

4）设计控制指标

振动平碾回填后，填土地基承载力 $f_{ak} \geqslant 180kPa$，压实系数 $\lambda \geqslant 0.94$。

5）填方效果

本部分内容通过对填方体设置排水层和反滤层，通过二者的渗透作用，将洼地汇集的水排放于洼地底部的落水洞或其他导水通道，从而保证了洼地的正常排水，为 FAST 施工提供了场地条件。

3.2.3　小结

本节根据天文构筑物特殊的、多因素限制的开挖需求，指出了开挖的关键要点，为 FAST 台址开挖提供了技术性的依据；通过设计暗渗排水填方方法，不仅解决了岩溶山区无平坦场地可用的问题，也解决了洼地填方回填时的排水问题[9]。

3.3　高能量高冲击崩塌型破坏超高边坡优化设计及防护

3.3.1　高能量高冲击崩塌型破坏特征

崩塌与落石是高边坡上经常发生的地质物理现象[10]，尤其是超高边坡，其崩塌后由于超高的高度，落石会产生巨大的冲击能量。岩质超高边坡坡面的崩塌，通常是岩体剪应力值超过岩体的软弱结构面的强度时产生的，而高能量高冲击崩塌的破坏过程，主要是岩体的部分结构体，在外力和自重的作用下，沿结构面的剪切滑移、拉开，或整体的累积变形和破裂所致。高能量高冲击崩塌和滑坡比较有 5 个显著特点：①崩塌运动速度快；②崩塌体运动不依附固定的面或带；③崩塌体在运动过程中有翻倒、跳跃、滚动、坠落、互相撞击等运动形式，其整体性遭到完全破坏；④垂直位移远大于水平位移；⑤破坏时落石伴随着高能量与高冲击的特性。

3.3.2　超高边坡特征

FAST 工程是利用大窝凼天然喀斯特洼地建设 500m 口径、张角约 120° 球面射电望远镜，建设观测基地及各项公用配套设施。为满足望远镜建设的需要，必然需要进行大量的岩土工程开挖，进而形成大量的人工边坡。而实际上，人工边坡一旦开挖形成，就会破坏自然生态平衡，因此，必须对其进行稳定性评价，采取相应的治理措施。同时，洼地内也存在着大量未直接开挖的自然边坡，对于这类边坡，也关系着望远镜的后期安全运行，也必须进行相关的稳定性评价和治理工作。

由于岩溶洼地不具备放坡条件，为满足馈源支撑塔脚的空间需求，在 1H、3H、5H、7H、9H 馈源塔处形成了高陡岩质边坡，其中在 1H 馈源塔处形成了坡高 100.5m 的超高边坡；另外在开挖中心南东 320m（挖方边坡 1）处，由于陡崖段岩体受节理及卸荷裂隙的切割，岩体较为破碎，加之坡面凹凸不平及白云质灰岩与含泥质灰岩差异性风化形成的凹腔的作用，形成了许多危岩块体，大多已与母体分离，总方量约 50000m³。这两处超高边坡一旦破坏，将会对 FAST 工程产生不可估量的损失。

为保证 FAST 工程的安全运行，需要对挖方边坡 1 崩塌危岩带采取分级放坡处理，在该崩塌槽处形成了最高达 122.04m 的岩质挖方边坡[11]。1H 馈源塔边坡和挖方边坡 1 特征见表 3.1，其余边坡特征见表 3.2。

表 3.1　FAST 台址超高边坡特征

边坡名称	边坡类型	安全等级	边坡特征	备注
1H 馈源塔边坡	岩质边坡	一级	边坡总长 170m，最大坡高 100.5m，为挖方形成的高岩质逆向边坡。场地基岩产状为 13° ∠8°，边坡总体倾向 217°，开挖后场地岩体为较完整，结构面结合程度一般，岩体类型为 II 类，破坏后果很严重，为永久性边坡	凸形边坡，坡高超过 30m，无规定的规范及标准可用

续表

边坡名称	边坡类型	安全等级	边坡特征	备注
挖方边坡 1	岩质边坡	一级	边坡总长 554.7m，最大坡高 122.04m，为挖方形成的高岩质切向边坡。场地基岩产状为 115°∠5°，开挖后场地岩体为较完整，结构面结合程度差 - 一般，岩体类型为Ⅱ类，破坏后果严重，为永久性边坡	凹形边坡，坡高超过 30m，无规定的规范及标准可用

表 3.2　FAST 台址一般边坡特征

边坡类型	边坡名称	安全等级	边坡特征
岩质边坡	3H 馈源塔边坡	一级	边坡最大坡高 23.6m，为挖方形成的高岩质切向边坡。场地基岩产状为 45°∠4°，开挖后场地岩体为较完整，结构面结合程度一般，岩体类型为Ⅱ类，破坏后果很严重，为永久性边坡
	5H 馈源塔边坡	一级	边坡最大坡高 28.1m，为挖方形成的高岩质切向边坡。场地基岩产状为 40°∠6°，开挖后场地岩体为较完整，结构面结合程度一般，岩体类型为Ⅱ类，破坏后果很严重，为永久性边坡
	7H 馈源塔边坡	一级	边坡最大坡高 24 m，为挖方形成的高岩质顺向边坡。场地基岩产状为 20°∠10°，开挖后场地岩体为较完整，结构面结合程度一般，岩体类型为Ⅱ类，破坏后果很严重，为永久性边坡
	9H 馈源塔边坡	一级	边坡最大坡高 21.5m，为挖方形成的高岩质逆向边坡。场地基岩产状为 285°∠33°，开挖后场地岩体为较完整，结构面结合程度一般，岩体类型为Ⅱ类，破坏后果很严重，为永久性边坡
	南垭口边坡	二级	道路左右两侧形成了高 0～22m，长 132～165m 的切向挖方边坡，董当断层（F_1）从边坡区南北向贯穿，断层破碎带宽约 70m，断层角砾岩和断层泥均发育。由于边坡坡度陡峻，局部岩体风化破碎现象严重
土质边坡	螺旋道路边坡	二级	为修建道路开挖形成的边坡，边坡高度 0～12m，暴雨季节边坡局部小滑塌现象严重

3.3.3　超高边坡稳定性评价

　　超高边坡稳定性评价应在查明工程地质、水文地质条件的基础上，根据边坡岩土工程条件，采用定性分析和定量分析的方法进行。定性分析和定量分析是指边坡稳定性评价时，应以边坡地质结构、变形破坏模式、变形破坏与稳定性状态的地质判断为基础，根据边坡地质结构和破坏类型选取恰当的方法进行定量计算分析，并综合考虑定性判断和定量分析结果作出边坡稳定性评价。目前用于边坡稳定性分析的常见方法有极射赤平投影法、实体比例投影法、极限平衡法及数值分析法等。

　　实际工程中一般采用极限平衡法或有限元法对边坡稳定性进行评价，由于极限平衡法和有限元法存在局限性，对于 1H 馈源塔边坡及挖方边坡 1 这样的裂隙极为发育的超高边坡已经不太适用。因此，对于这两处高边坡，采用 UDEC 数值分析方法进行稳定性分析，评价结果显示两处超高边坡稳定性较差，边坡表面极有可能发生局部崩塌破坏，一旦崩塌破坏 100m 左右的高度，所产生的高能量高冲击，其破坏性是极为严重的，所以实际对两处高边坡坡面采取了科学的构造加固措施，有效提高了其稳定性。FAST 台址区其余边坡坡高均不大，有规范公式及工程经验可借鉴，因此采用极限平衡法对 FAST 台址其余边坡进行稳定性分析计算。

3.3.4　超高边坡综合治理方案

通过边坡稳定性计算结果，挖方边坡 1 坡面按 1 ：0.1 放坡，每 10m 加设 2m 宽平台后边坡处于稳定状态；1H 馈源塔边坡坡面按 1 ：0.3 放坡，每 10m 加设 2m 宽平台后边坡处于稳定状态，并在两处超高边坡坡面进行锚喷支护，锚索加固范围穿过潜在滑裂面，以确保不会发生高能量高冲击型崩塌破坏，两处超高边坡的开挖和治理情况见表 3.3 和图 3.3。

表 3.3　FAST 台址超高边坡治理情况

边坡名称	放坡特征	坡面支护	备注
1H 馈源塔边坡	1 ：0.3 放坡，每 10m 加设 2m 宽平台	对坡面进行锚喷支护，坡顶及不良地质条件区域采用格构梁、锚索加固	坡面每 2m 设置伸缩缝，坡面按横纵间距 5m，梅花形设置排水孔
挖方边坡 1	1 ：0.1 放坡，每 10m 加设 2m 宽平台	锚杆＋格构锚索＋挂网喷射砼面板	

(a) 挖方边坡1　　　　　　　　　　　　　(b) 1H馈源塔边坡

图 3.3　FAST 台址边坡治理现场施工图

其余边坡治理情况见表 3.4。

表 3.4　FAST 台址一般边坡开挖及治理方法

边坡名称	放坡特征	坡面支护	备注
3H 馈源塔边坡		锚杆挂网喷射砼面板	
5H 馈源塔边坡	1 ：0.3 放坡，每 10m 加设 2m 宽平台	锚杆挂网喷射砼面板	坡面每 2m 设置伸缩缝，坡面按横纵间距 5m，梅花形设置排水孔
7H 馈源塔边坡		锚杆挂网喷射砼面板	
9H 馈源塔边坡		锚杆挂网喷射砼面板	
南垭口边坡	对开挖之后的坡面先清理、后支护	护脚墙＋格构锚杆支护＋局部锚索	

3.3.5　边坡治理施工技术

边坡施工顺序如下：边坡按设计坡率开挖（坡顶截水沟同时施工）→锚杆（索）施工→挂网喷射砼面板→坡脚排水沟施工。

1）边坡开挖

（1）边坡施工严格遵循逆作法，应分层分段进行；

（2）边坡开挖应根据边坡岩土体稳定性，留置一定厚度采用人工清挖坡面，以防机械或爆破影响；

（3）严格按坡率法施工。

2）坡面光面爆破施工

光面爆破要求半孔率达到 70% 以上，爆破面不平整度允许值 ±20cm；其他要求参见《土方与爆破工程施工及验收规范》（GB50201—2012）及其他相关规范。光面爆破成孔直径初步设计为 100mm，炮眼深误差不超过 100mm，成孔孔斜 <10mm/m，坡顶轮廓线眼距误差 <50mm，且岩面不应有明显爆震裂痕。在正式施工前应进行试爆以确定正式最小抵抗线、钻孔超深、装药长度、孔间距及单孔药量等爆破参数，必须编制严格的爆破图表和说明书，严格按施工组织设计施工。同时做好现场安全防范工作，以免发生人员伤亡等事故。爆破震动、爆破飞石、爆破对保留岩体的影响、爆破冲击波、噪声、爆破烟尘、有害气体等爆破有害效应控制在《爆破安全规程》规定范围内。

为避免爆破破坏边坡岩体完整性，爆破坡面应预留部分岩层采用人工挖掘修整，具体预留厚度根据试爆结果动态确定。

3）锚杆（索）施工

（1）锚杆钻孔宜干钻，锚杆钻孔深度应超过设计深度 0.5m，定位偏差不大于 20mm，偏斜度不大于 5%，孔径偏差不大于 5mm。锚杆定位装置每 2.0m 设置一个，保证锚杆居中，锚杆注浆应将压浆管伸至孔底（距孔底宜为 100mm）。灌浆材料应按实验室提供的配合比进行施工。

（2）注浆前应将孔内残留和松动杂土清除干净，注浆时注浆管应插至距孔底 0.25～0.5m 位置。

（3）锚杆（索）钻孔与锚杆预定方位的允许偏差为 1°～3°。

4）钢筋砼面板及泄水孔施工

（1）钢筋砼面板作业应分段分层进行。钢筋保护层厚度不得小于 25mm，钢筋上下搭接可靠，长度不得小于 300mm，喷射砼面板每隔 15～20m 应设伸缩缝一道，伸缩缝位置钢筋断开，缝宽 50～70mm，并以沥青麻丝或其他有弹性的防水材料填充封闭。喷射砼面板终凝 2 小时后，应喷水养护，养护时间根据气温确定，一般不少于 3～7 小时，气温低于 5℃时不得喷水养护。

（2）坡面设泄水管，泄水孔按梅花形交错排列，采用 Φ100PVC 塑料管制作安装，进入坡体 0.5m，外斜率为 5%。

5）边坡截、排水

边坡施工及使用过程中，为减小雨水及地表水对坡体的冲刷影响，在坡顶设置截水沟、坡脚设置排水沟，坡面每隔 10 ~ 20m 设置径向落水管，采用 Φ150PVC 塑料管制作安装。

边坡坡顶截水沟、坡脚排水沟连通，统一排入排水系统。

截、排水沟施工时，需注意以下几点：

（1）截排水沟每隔 4 ~ 6m 应设沉降缝，缝内用沥青麻筋塞实，表面用 M7.5 砂浆勾缝；

（2）施工时注意施工质量，沟底、沟壁平整密实，不能滞水及渗水，必要时应加固，防止渗漏水体对边坡的破坏及冲刷；

（3）利用地表凹槽形部位设置截、排水沟时，每隔 20 ~ 30m 时设置一个连接箍。

3.3.6　小结

本节介绍了 FAST 开挖系统建造过程中遇到的超高边坡和一般边坡的边坡特征，相应的治理方法，以及边坡治理施工技术。针对两个超过 100m 的超高边坡，对其进行了稳定性评价，根据评价结果，提出了针对性的边坡支护设计方案并成功应用于工程实践，达到了"安全上可靠、技术上可行、经济上合理"的设计目的，边坡治理效果得到中国科学院国家天文台的好评。后期稳定性监测结果（详见第 9 章）表明，所有监测点均处于整体稳定状态。

3.4　复杂地质条件下的洼地地质灾害危险源的评估及治理

3.4.1　典型的地质灾害类型

根据《中国科学院国家天文台 500 米口径球面射电望远镜（FAST）台址详勘岩土工程勘察报告》及《FAST 台址岩土工程危岩与崩塌堆积体专项勘察报告》，FAST 台址的斜坡中上部至洼地底部均有成层分布、厚度变化较大、形态各异的危岩及溶塌巨石混合体。台址四周共有大小不一、形态各异的危岩或溶塌巨石混合体 128 处，危岩和溶塌巨石混合体地质灾害分布如图 3.4 所示。各处地质灾害的范围和规模大小不一，其破坏类型为崩塌、倾倒、滑塌、滚落等一种方式或几种方式的组合。

3.4.2　地质灾害的成因分析 [12-16]

1. 特殊地形地貌

FAST 台址区属于典型的峰丛洼地地貌结构，是由锥状峰林正地形与似倒锥状（漏斗状）洼地负地形共同组成的正负地形组合系统。根据 FAST 台址特殊的地形条件，按地貌分区分为陡崖区、陡（斜）坡区和洼地区。陡岩区主要为基岩和危岩体，陡（斜）坡区主

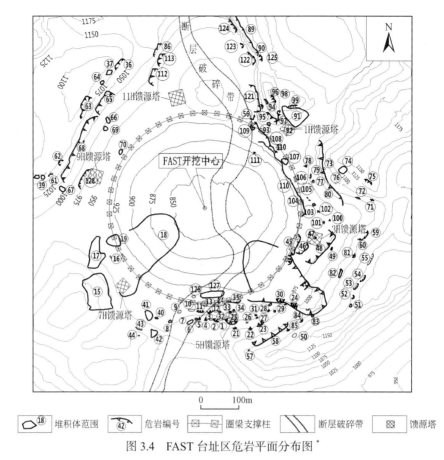

图 3.4　FAST 台址区危岩平面分布图[*]

要为溶塌巨石混合体，局部有基岩出露，洼地区表层为耕植土，耕植土及黏土和有机质黏土，下层为溶塌巨石混合体，基岩埋深较厚。陡崖区和陡（斜）坡区危岩失稳后无明显的缓冲地段，并在洼地区形成块石堆积。特殊地形地貌为地质灾害提供了有利的地形条件。

2. 地质构造及岩性条件

岩性对岩石的抗拉抗剪强度、风化能力等有着决定性的作用，也决定着岩体结构面的性质。FAST 台址地质构造较复杂，两组主要发育的区域性节理裂隙即 20°～50°、100°～130°，发育较好，贯穿性强。受地形临空条件及断裂构造的影响，上述两组节理发展成了外倾的卸荷裂隙或溶蚀裂隙，为危岩的形成提供了条件。

受节理、卸荷裂隙、溶蚀裂隙的切割及树木根劈作用的影响，区内多数陡崖表层岩体较为破碎，加上陡崖面起伏不平及岩石差异性风化形成的顺层凹腔和悬空等原因，陡崖体上形成了大量的松动危岩。陡岩上岩体被节理裂隙切割脱离母体产生崩塌，堆积于场地四周及中心地势低洼和相对平缓地带，有的则在陡岩上形成危岩体。

3. 外部诱因

大量存在的岩体结构面卸荷裂缝宽张，在暴雨、人工爆破或地震等外部因素的激励

* 贵州地质工程勘察院《FAST 台址岩土工程与崩塌堆积体专项勘察报告》。

下，极易诱发危岩脱离母体，产生地质灾害。FAST 斜坡溶塌巨石混合体上搭载的松散自由危石（危岩崩塌体），地表坡度多大于 45°，在与陡岩区基岩接触地段地表坡度大于 60°，这些危石基本上处于临界运动状态，在外部因素的诱导下也极易发生失稳。洼地区表层溶塌巨石混合体虽然坡度较缓，但由于胶结程度差，在外因的诱导下也容易发生沿软弱面的滑移及表层松散块体的滚落。

3.4.3　危岩和溶塌巨石混合体详细特征

FAST 危岩分布范围广，此处针对《FAST 台址岩土工程危岩与崩塌堆积体专项勘察报告》中提到的 128 处地质灾害分别论述。由于洼地地形地质复杂多变，地质灾害特征千变万化，部分具有相似的灾害特征，见表 3.5，而其余则具有独特的灾害特点，见表 3.6。当然，由于地质环境的复杂多变性，各处灾害特征的界定和划分并不是绝对的。表中危岩和溶塌巨石混合体的稳定性状态分析引用了《FAST 台址岩土工程危岩与崩塌堆积体专项勘察报告》的结论，分析方法[17] 限于篇幅，不再详述。

表 3.5　FAST 台址具有相似地质灾害特征的危岩和溶塌巨石混合体表

危岩和溶塌巨石混合体编号	规模 /m³	灾害特征	危岩状态
WY5、WY21、WY22、WY26、WY44、WY50、WY52、WY57、WY59、WY71、WY72、WY78、WY80、WY90、WY100、WY103 ~ WY105、WY111、WY122	0.5 ~ 100	可能失稳方式为倾倒，危岩体重心在倾覆点内侧，受底部岩体抗拉强度控制，部分岩体内部节理裂隙发育	WY50、WY58、WY71、WY72、WY100 基本稳定；其余不稳定
WY2、WY13、WY43、WY54、WY81、WY86、WY89、WY121、WY123、WY124	100 ~ 1000		
WY35、WY45、WY46、WY58、WY110、WY125	1500 ~ 8000		
WY3、WY6、WY8、WY51、WY66、WY67、WY109、WY112	0.5 ~ 100	溶塌巨石混合体结构松散，无胶结充填，坡度大，在强降水及人为开挖情况下易产生崩塌	WY91 整体稳定，局部不稳；WY3、WY51、WY66、WY67、WY75、WY109、WY112、WY127 基本稳定；其余不稳定
WY7、WY9、WY10、WY75、WY91、WY113、WY114、WY127、WY128	100 ~ 2000		
WY107	50	溶塌巨石混合体处于基本稳定状态，局部分布溶塌巨石混合体及零星块石有滚落现象。在人为切坡开挖及强降水情况下易再次发生崩塌	WY19、WY74 整体稳定，局部不稳；WY107 基本稳定
WY19、WY74	1000 ~ 2100		
WY82、WY84、WY88	0.5 ~ 100	崩塌块石呈舌形状堆积于斜坡顶部，顶部块体架空堆积，强降水情况下容易塌落，影响施工安全	WY87 整体稳定，局部不稳；WY84、WY88 基本稳定；WY82 不稳定
WY87	1500		

续表

危岩和溶塌巨石混合体编号	规模 /m³	灾害特征	危岩状态
WY102、WY106	2 ~ 100	危岩体节理裂隙发育、破碎，局部已形成崩塌，局部陡岩段形成临空面，在降水和风化作用下容易失稳	均不稳定
WY14、WY65	1500 ~ 3500		
WY1、WY16、WY47、WY53、WY61、WY62、WY63、WY79、WY101	0.5 ~ 100	危岩体受裂隙切割，与母岩分离，下部掏空形成孤立石块，在降水、风化、卸荷等作用下易失稳滑落	WY23、WY61 基本稳定；其余不稳定
WY23、WY55、WY99	300 ~ 2500		
WY4、WY20、WY27、WY29、WY30、WY31、WY33、WY36、WY37 ~ WY39、WY40、WY49、WY64、WY69、WY70、WY73、WY77、WY126	1 ~ 100	危岩体为块状孤石，零星分布于斜坡，在降水、震动等作用下易丧失稳定而滚落	WY4、WY40、WY64、WY73、WY77 不稳定；其余基本稳定

表 3.6   FAST 台址典型特征地质灾害危岩和溶塌巨石混合体表

危岩编号	规模 /m³	灾害特征	危岩状态
WY15	45900	由碎、块石组成，结构松散，多处架空。溶塌巨石混合体可能破坏方式为沿基岩面产生滑动及前缘陡坡地带的崩塌块石产生崩落	WY15 天然状态整体稳定，饱水状态部分稳定；WY17 整体稳定、局部不稳
WY17	8000		
WY18	16000	溶塌巨石混合体主要由黏土及碎石、块石组成，有可能产生圆弧状滑动或沿基岩面产生整体滑动	饱水状态不稳定
WY42	300	坡顶后缘有裂隙，危岩可能产生滑移式破坏	不稳定
WY48	10000	分布范围较大，散体危岩较多，易形成滚落灾害	不稳定
WY60	3	该危岩块石由上下两块石架空成蘑菇石，开挖扰动中可能发生滑动	不稳定
WY68	3000	可能失稳方式为倾倒，危岩体重心在倾覆点内侧，受底部岩体抗拉强度控制；部分危岩伸出呈悬状危岩，节理裂隙发育	不稳定
WY76	20000	WY76-1 号危岩因裂隙发育从母岩剥离，易因降水、爆破振动等失稳倾倒破坏；WY76-2 危岩体位于陡崖下部平台，平台坡度较缓，稳定	不稳定
WY85	40	危岩块石中上部已脱离基岩，产生倾斜，下部为软弱基座，呈不稳定，强降水情况下容易塌落	基本稳定

注：WY11 ~ WY12、WY24 ~ WY25、WY28、WY32、WY34、WY41、WY56、WY83、WY92 ~ WY98、WY108、WY115 ~ WY120 在台址开挖过程中为满足开挖需求而被清除，因此上述危岩不再分析

3.4.4   治理措施

1. 治理原则

FAST 工程为国家重大科学项目，工程充分利用岩溶洼地建设 500m 口径、张角 120°

的球面射电望远镜，同时洼地内还建有观测基地及各项公用配套设施，因此其破坏后果十分严重。总结起来，FAST 台址危岩及溶塌巨石混合体失稳破坏具有以下特点：

（1）突然性；

（2）岩块运动速度快，冲击大；

（3）岩块在运动过程中有翻倒、跳跃、滚动、滑动、坠落、相互撞击等各种运动形式；

（4）垂直位移大于水平位移。

各处地质灾害体所处的位置不同，规模和形态不同，破坏模式也不尽相同，因此需要针对不同危岩采取相对的有效治理措施。常见的处理方式有清除、锚固、裂隙灌浆、设置拦石坝、镶补、撑顶、抗滑桩（针对大型危岩崩塌巨石混合体）等，但对于地质环境极为复杂的 FAST 工程，有时单纯的一种处理方式并不能有效解决危岩问题，而需要采取一种或几种方式的结合。对于危岩状态为不稳定的危岩，必须采取措施；对于基本稳定的危岩，为了保障工程后期的安全使用，也需要采取基本的拦防方案[18-21]。综上，FAST 台址地质灾害治理综合考虑和遵循了以下原则：

（1）安全第一、方便施工、不留安全隐患的原则；

（2）因地制宜、最大限度不破坏生态环境、就地加固的原则；

（3）方量较大的危岩谨慎爆破、避免大开挖的原则；

（4）方量较小的危岩首选直接清除，以彻底消除安全隐患的原则；

（5）信息化施工的原则。

2. 治理措施

根据以上原则提出针对性的治理措施如下。

1）清除处理

（1）直接清除。主要针对 WY3、WY6 ~ WY10、WY16、WY20、WY23、WY27、WY29 ~ WY31、WY33、WY36 ~ WY40、WY43、WY44、WY47、WY49 ~ WY51、WY53、WY55、WY60 ~ WY62、WY64、WY66、WY67、WY69 ~ WY73、WY75、WY77 ~ WY79、WY82、WY85、WY86、WY99 ~ WY107、WY109、WY111 ~ WY113、WY121、WY126 ~ WY128，以上方量较小，位于陡坡之上，不适宜加固，因此直接清除处理。WY19、WY74、WY91 溶塌巨石混合体虽然方量较大，但由于坡度大，整体稳定性很差，如整体加固不易施工，对溶塌巨石混合体下部馈源塔危害很大，也清除处理。

（2）局部清除加裂隙灌浆封闭处理。主要针对 WY1、WY2、WY4、WY5、WY13、WY14、WY21、WY 22、WY35、WY45、WY46、WY54、WY63、WY84，危岩体表面或后缘存在节理裂隙，采取最大限度不破坏生态环境的原则，避免大开大挖，因此对裂隙灌浆封闭，只清除局部不易加固的不稳定崩塌块体。

其中，WY1、WY4、WY14 危岩体较破碎，存在局部崩塌，因此对不稳定块进行清除，同时为防治节理裂隙的进一步风化，对节理裂隙进行灌浆封闭。WY63 清除悬空部分危岩，再对危岩体节理裂隙进行灌浆封闭。其他几处危岩为倾倒式危岩，后缘有张拉裂隙，因此对危岩体表面的不稳定岩块作清除处理，对后缘张裂隙进行灌浆封闭。

（3）局部清除加局部锚固。针对 WY48、WY110，对局部不稳定块体进行清除处理，由于方量较大，经过专项勘察和讨论，认为该两处危岩整体稳定性较好。采取谨慎爆破开挖的原则，只对局部不稳定岩块进行清除或锚固。

2）锚固加灌浆措施

针对 WY26、WY42、WY52、WY57 ~ WY59、WY80、WY81，上述危岩后缘存在张拉裂隙，前部危岩体有倾倒或滑移的可能。因此采取最大限度不破坏生态环境、就地加固的原则，对前方危岩体加固，对后缘张拉裂隙进行灌浆封闭。

3）微型组合桩群

针对 WY17 溶塌巨石混合体，由于其方量较大，采取谨慎爆破开挖的原则，就地加固。但溶塌巨石混合体为块石，不适宜于普通的锚固措施；如采取抗滑桩工程，又大大增加了施工工作量。因此采取的加固措施为将微型组合桩群穿过溶塌巨石混合体，锚固于下部基岩中，采用 C25 混凝土灌注裂隙，在溶塌巨石混合体上部形成承台，承台沿地形浇注，使微型组合桩群与大块溶塌巨石混合体形成统一整体，以达到加固溶塌巨石混合体的目的，如图 3.5 所示。

(a) 危岩清除　　　　　　　(b) 溶塌巨石混合体微型组合桩群加固

图 3.5　FAST 台址区溶塌巨石混合体治理

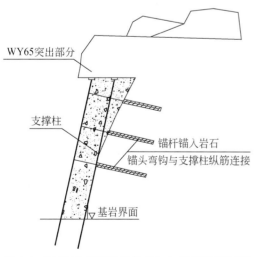

图 3.6　FAST 台址区危岩体 WY65 治理设计剖面

4）支撑处理

主要针对 WY65 溶塌巨石混合体。由于 WY65 前沿形成一个鹰嘴似的岩腔，遵循因地制宜、就地加固的原则，对岩腔突出部分采取撑顶处理，如图 3.6 所示。撑顶处理后的危岩避免了因前方危岩体的拉裂破坏而带来的后缘危岩大规模滑塌[22]。

5）拦石沟

针对 WY87、WY88、WY89、WY90、WY114、WY122、WY123、WY124、WY125，由于该部分危岩离 FAST 反射面及开挖中心较远，危岩失稳后可通过设置在陡崖与反射面之间的拦石沟拦截。拦石沟为填方边坡的坡脚，填方边坡坡顶为一个 10000m^2 的大型拼装平台[7]。

6）复杂或大型溶塌巨石混合体经过专项讨论后的处理措施

WY15：溶塌巨石混合体共 45900m^3，处于 7H 馈源塔上方，破坏性极大。如采用锚杆（索）加固，由于坡面为溶塌巨石混合体，可能会面临后期锚杆（索）应力松弛的问题，且锚孔难以成孔和注浆，增加了施工难度。如全部清除，开挖量太大，严重影响工期，对生态环境的破坏也较大。因此遵循谨慎爆破、避免大开挖的原则，最终采取了逐级放坡开挖，只清除表面溶塌巨石混合体的处理措施，边坡放坡坡率为 1∶1.15。为不留安全隐患，对开挖以后的坡面，视其完整情况再决定是否进行加固，如图 3.7（a）所示。

WY18：溶塌巨石混合体共 16000m^3，有道路通过，同时 WY18 的稳定性也关系到注地内反射面系统的安全。遵循安全第一的原则，通过稳定性计算，对 WY18 溶塌巨石混合体采取了锚索抗滑桩加挡墙支护的措施，剖面图如图 3.7（b）所示。

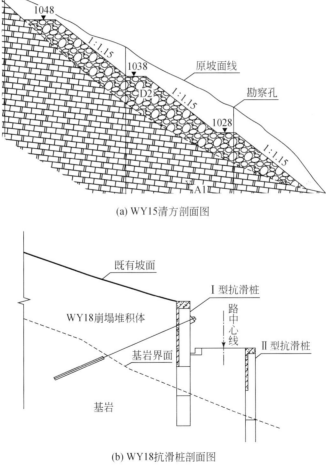

(a) WY15清方剖面图

(b) WY18抗滑桩剖面图

图 3.7　FAST 台址区溶塌巨石混合体加固工程

WY68：WY68 危岩体分布较广，破坏形式复杂，危岩体内部出现溶浊空洞。遵循谨慎爆破、避免大开挖的原则，采取了空洞注浆、局部爆破清除、锚喷清除及裂隙灌浆相结合的处理措施，如图 3.8 所示。

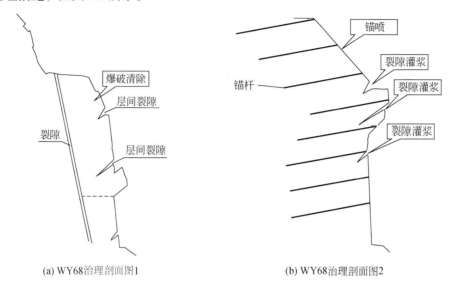

(a) WY68治理剖面图1　　　　　　　　　(b) WY68治理剖面图2

图 3.8　FAST 台址区 WY68 防护设计剖面图

WY76：WY76 规模大，范围广，整体稳定性较好。在经过认真勘察后，遵循谨慎爆破、避免大开挖的原则，决定只对局部不稳定块体进行加固和支挡，并对裂隙灌浆，对水平方向因风化差异形成的溶蚀槽进行镶补处理。

3.4.5　小结

FAST 台址位于岩溶洼地内，地质环境复杂，地质灾害危险源密布。本节结合 FAST 工程治理中的 128 处典型地质灾害，在分析其成因机制、破坏模式及稳定状态的基础上，提出了包括清除、锚固、支挡、支撑、拦防及裂隙封闭等一种方式或几种方式相结合的针对性的防治措施，成功解决了岩溶洼地复杂的地质灾害治理难题，目前 FAST 工程运行未受到任何地质灾害的影响，完善成套的危险源评估及治理措施为其他岩溶地区复杂环境下的地质灾害治理提供了参考和借鉴。

3.5　多干扰源下的检修道路最优化选线技术

3.5.1　道路路线选择

FAST 工程道路主要由环形检修道路、螺旋检修道程构成，是反射面最重要的垂直运输通道。由于 FAST 工程各系统之间相互影响，道路选线受到诸多干扰因素的影响。主要存在的干扰源见表 3.7。

表 3.7　FAST 台址道路选线干扰因素

序号	干扰因素	干扰内容
1	地锚基础及下拉索	选线不合理，则达不到道路净空不小于 2.2m 要求
2	高边坡	选线不合理，易造成大开大挖，形成高边坡
3	地质灾害	选线不合理，可能会增加地质灾害治理成本
4	地形因素	地形高差较大、地面横坡陡峭、地形复杂，增加选线难度
5	与馈源塔衔接合理	衔接不合理，造成后期使用和维护不便

针对 FAST 道路选线时存在的众多干扰源，选线时遵循了以下原则：

（1）充分考虑干扰源的影响，做到尽量避让地锚索、与馈源塔衔接合理、避让高边坡等原则。起点处完全按照优化方案纵坡（–0.5%）执行，留 18m 与其衔接。

（2）平面线形设计，测设中在局部困难地段采取适当降低标准的措施（夹直线不能满足标准），对一些工程量增加不大的地段尽可能地采用高标准，同时兼顾技术指标的均衡性。

（3）纵断面设计，纵坡及坡长均出现超标。为保证道路安全，在该路段增设波形护栏、减速标志等安全措施。

（4）平纵面线形组合设计。按矿山道路三级设计，设计速度为 20km/h。在满足汽车运动学和力学要求的同时，还充分考虑司机的视觉和心理要求，从而设计合理的平纵组合。

（5）少占地、少拆迁、少废方。

基于以上原则，优化选择了 FAST 工程检修道路路径，设计后的道路路径有效地避开了下拉索及下拉索促动器与检修道路的干涉，保证了最优路径和道路净空不小于 2.2m，确保了 FAST 检修道路的通畅。FAST 检修道路主要指标见表 3.8。

表 3.8　FAST 台址检修道路主要指标

指标名称	具体技术指标值		量纲
公路等级	矿山道路三级		—
设计速度	20		km/h
路基宽度	螺旋检修道路 K0+000 ~ K0+600、环形检修道路	4.5	m
	螺旋检修道路 K0+600 ~ K2+918.852	4.0	
路面宽度	3.5		m
最大纵坡	10.9%		—
路面类型	沥青路面		—
汽车荷载等级	公路 - Ⅱ级		—

续表

指标名称	具体技术指标值		量纲
平面圆曲线一般最小半径	30		m
平面圆曲线极限最小半径	15		m
平曲线间最小直线长度	同向 2V 即 40		m
	反向 1V 即 20		
设计洪水频率	大桥、中桥	1/50	—
	小桥、涵洞、路基	1/25	

　　螺旋检修道路起点 (K0+000) 至终点（K2+918.852）路线全长 2.919km，路线走向受圈梁、馈源塔等诸多干扰源的控制；环形检修道路由起点 (K0+000) 至终点（K0+810.195）路线全长 0.810km，路线走向受锚索、塔基等干扰源的控制。道路路线选线如图 0.4 所示。

3.5.2　　"桥改路"方案在 FAST 工程中的应用

　　FAST 工程环形检修道路在 5H 崩塌槽溶塌巨石混合体处拟通过桥梁方案跨越，但其施工工期长、造价高，对桥梁基础持力层的要求也高。鉴于此，各方在通过详细勘察、专项论证之后，提出了"桥改路"方案，即通过路基形式穿越溶塌巨石混合体，并对路基进行安全防护。实践证明该方案可行、经济、安全、有效，成功达到了节省工期和造价的目的。"桥改路"方案的成功表明：只要经过合理的勘察设计施工，利用路基形式穿越溶塌巨石混合体是可行的。

1. 原工程设计方案——桥梁跨越

　　FAST 项目一期台址开挖工程由道桥工程、填方工程、灾害防治及边坡支护工程、排水工程 4 个子系统组成。其中道桥工程由螺旋检修道路（起止桩号：K0+000 ～ K2+918.852）及环形检修道路（起止桩号：K0+000 ～ K0+810.195）组成，桥梁起止桩号为环形检修道路 K0+247.354 ～ K0+374.228，桥梁与道路间的平面位置关系如图 3.9 所示。

　　FAST 工程设计桥梁跨越 5H 崩塌槽溶塌巨石混合体，起点桩号为环形检修道路 K0+247.354，终点桩号为 K0+374.228，全桥轴线均位于直线上，无纵度。上部构造采用 1m×99.0m 钢筋混凝土箱型拱，明挖扩大基础及排架式桥墩。主拱圈横断面为单箱两室结构，拱箱全宽 5.5m、高 1.90m；主拱圈横隔板采用 0.4m 及 0.2m 厚设计；拱上建筑采用空腹式排架结构，共设排架 8 处，横墙 4 道；其中 1 号、12 号排架立柱较高，立柱间采用横系梁连接，桥两端采用交接墩，且各设置 2 道横系梁，设计立面如图 3.10 所示。

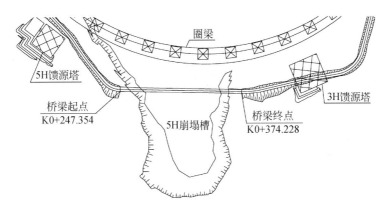

图 3.9　FAST 工程桥梁与道路间的平面位置关系图

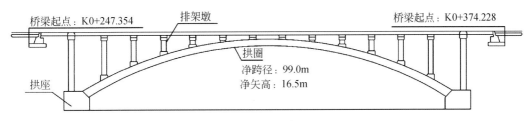

图 3.10　桥梁设计立面图

但当台址开挖工程进行到预定总工期的 1/3 时，穿过崩塌槽溶塌巨石混合体的施工便道在施工车辆的碾压及过往工地人员的来回走动下已初步成型，考虑到施工工期、工程造价等方面的因素，中国科学院国家天文台拟提出利用道路路基穿过崩塌槽代替原桥梁跨越的建议，5H 崩塌槽处施工便道如图 3.11 所示。由于道路位置处于洼地崩塌槽溶塌巨石混合体上，其风险性大于桥梁跨越方案。

(a) 施工便道　　　　　　　　　　(b)"桥改路"现场照片

图 3.11　FAST 台址区崩塌槽（5H）处施工便道

2. 新设计方案——路基设计

1）可行性分析

"桥改路"方案首先必须要考虑的是路基的稳定性问题。如只是成本和工期的原因，新方案的选择导致路基的不稳定，又或者为了保证路基的稳定（将路基设置于稳定的基岩上）而导致右侧高陡边坡的大开挖，均是不可取的，因此其是否可行需要专项的勘探和论证[23]。后经专项勘察（《FAST 台址岩土工程危岩与崩塌堆积体专项勘察报告》）和专家评审会论证表明：

（1）5H 崩塌槽的崩塌堆体堆积时间较长，块石间多被黏土及碎石充填，未见明显架空现象，因此在溶塌巨石混合体上修建道路是可行的；

（2）为了保证路基的稳定，必须在拟建公路下方设置抗滑桩和挡墙，公路上方的溶塌巨石混合体予以清除处理；

（3）"桥改路"方案对工期的保证及工程造价的节省均是有利的。

2）路线选择

道路路线的选择和设计一般情况下需要综合考虑各项技术指标、经济指标、环境指标及景观评价指标[24-28]。FAST 道路路线的选择除了结合实际地形情况，满足道路安全设计的各项平纵指标外，还必须考虑馈源支撑塔及地锚下拉索对通车的影响。

"桥改路"方案在路径选择时综合考虑了以下因素：

（1）充分利用既有施工便道；

（2）满足道路线形设计参数；

（3）尽量减少土石方的开挖量；

（4）不受馈源塔塔基及地锚下拉索的影响，满足正常通车的需求。

综合以上原则，道路起点选择在环形检修道路 K0+260.000 处，新道路与原环形检修道路 K0+444.473（新道路里程桩号为 K0+499.999）相交，并与原桩号在 K0+534.846 处完成顺接，"桥改路"完工后的现场如图 3.11（b）所示。

3）安全防护措施

（1）溶塌巨石混合体的防护。为保证溶塌巨石混合体的整体稳定性，在溶塌巨石混合体前缘基岩突起段设置抗滑桩对溶塌巨石混合体进行支挡[29]。该结构在抗滑桩之间设置有带泄水孔的挡土板，桩顶设置连接冠梁，冠梁上设有被动防护网，如图 3.12 所示。

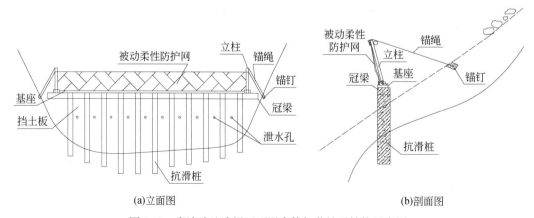

(a)立面图　　　　　　　(b)剖面图

图 3.12　岩溶洼地溶塌巨石混合体卸荷补强结构示意图

（2）路基稳定。为保证道路路基的稳定及过往车辆人员的安全，对位于溶塌巨石混合体的路段，道路左侧采用 5m 高路堤墙，以防止路基局部滑动剪出坡面；道路右侧采用 3.0m 高挡石墙对道路上方边坡坡脚及坡面滚石进行构造性防护。第 5 章所介绍的基于离散元的溶塌巨石混合体主动土压力研究成果被用于设计支挡溶塌巨石混合体的挡墙结构和抗滑桩。

3. "桥改路" 总结

由于拟建道路穿过溶塌巨石混合体，道路的选择和实施经过了反复的论证、设计及信息化施工的过程，其结果表明：只要经过合理的勘察、设计论证和施工，将道路设置于该溶塌巨石混合体上是可行的。该段道路使用至今无任何异常，成功为 FAST 台址开挖工程赢得了工期、节省了造价。

FAST 台址位于岩溶洼地内，地形陡峻，岩土构成复杂，岩溶强发育，地基复杂程度为一级，因此必须采取信息化施工的原则，在施工中发现问题、解决问题。"桥改路"方案的实施即在施工过程中发现问题并及时调整设计而获得的成果，体现了施工过程绝不是一个为了施工而施工的过程，而是一个再勘察、更好地为工程服务的过程。

3.5.3　FAST 工程道路施工技术

道路施工前必须对道路上方边坡坡面的危岩进行清除处理，确保道路施工、下部挡墙及抗滑桩施工时不产生次生危石岩体滑塌、掉块。危岩清除完成后再进行挡墙的砌筑、抗滑桩的施工及道路路面的施工。

1. 挡墙施工

1）基槽开挖

基槽严格按设计挡墙断面进行开挖，开挖方式采用机械挖方与人工挖方相结合，开挖至基底 0.5m 范围内不能采取爆破开挖，以免破坏地基岩体稳定性。基槽开挖形成的土石方就地临时堆放，以便挡墙砌筑完成后进行回填。基槽开挖形成，应及时做好相应的施工记录，并经基坑验槽合格后方可进行下一步工作。

2）挡墙砌筑

采用 M7.5 浆砌片石砌筑，砌筑工艺严格按相关砌体施工技术要求执行，保证各块石之间的砂浆饱满及砌筑砂浆的和易性、强度等要求。挡墙沿墙长每隔 15 ~ 20m 设置一道伸缩缝，缝宽 20 ~ 30mm，缝中填塞沥青油麻。墙面采用 M10 砂浆勾缝。墙身遍布梅花形泄水孔，间距 2.5m×2.5m，泄水孔向外坡度为 5%。

3）墙后填土

回填材料选用级配较好的、质地坚韧的碎石、砂砾、石屑或砂。分层填筑并压实，分层厚度不大于 50cm，压实系数不小于 0.94。回填时泄水孔进水处底部铺设 20cm 厚的夯实黏土层，黏土层上设 50cm 碎石反滤层（外包土工布）。

2. 坡面清方

坡面清理时根据现场情况，从上至下逐级清除。坡面清方满足设计要求后，对清方后的坡面必须进行修整处理。坡面修整主要采用破碎机将坡面局部凸出处修整顺直，如机械施工不便时采用人工风镐进行修整；坡面如出现不稳定的影响到施工安全或后期运营安全的块石须彻底清除。FAST 工程场地内施工作业面狭窄，坡面的清方工作对下方反射面内的施工项目干扰很大，因此需作好与其他施工项目的统一协调工作。

3. 抗滑桩施工

1）施工工艺

FAST 工程地形陡峻，作业面狭窄，大型设备无法到达，且场地地下水水位埋藏较深，对孔桩施工影响不大，因此桩孔采取人工挖孔桩形式。开挖过程应作为再勘察的过程来进行，及时编录地质情况，反馈于设计，做到信息化施工。

2）施工的安全保障

孔口必须设围栏，用以防止地表水、雨水流入。严格控制非施工人员进入现场，严禁向孔内抛掷物品。人员上下可用卷扬机和吊斗等组成的升降设施，同时应准备性能良好的软梯和安全绳备用。孔内有重物起吊时，应有联系信号，统一指挥。升降设备应由专人操作。

孔下作业人员必须戴安全帽，同时作业人员不超过 2 人。

每日开工前必须检测孔内有无有害气体，孔深超过 10m 后，或 10m 内有 CO、CO_2、NO、NO_2、CH_4 及瓦斯等有害气体并且含量超标或氧气不足时，均应使用通风设施向作业面送风。

孔内照明必须采用 36V 安全电压，进入孔内的电气设备必须接零接地，并装设漏电保护装置，防止漏电触电事故。

4. 道路路基路面施工

FAST 检修道路等级为矿山道路三级，路基宽度为 4.5m，填方地段路肩宽度为 1.0m，挖方地段边沟内侧路肩宽度为 0.5m。路面宽度为 3.5m，路面结构为 5cm 沥青混凝土面层加 18cm 级配碎石基层加 20cm 填隙碎石底基层。排水主要采用边沟、截水沟、涵洞等排水设施，将雨水引入排水系统，形成自然径流。路面集水采用边沟利用路线纵向坡度引流至涵洞处，在较高挖方地段，在开挖坡口以外设置截水沟引至边沟或涵洞，统一将水排出。

3.5.4　小结

FAST 工程检修道路是抵达馈源塔的必要路径，也是反射面最重要的垂直运输通道。道路路线选择受到的干扰源多，如选线不合理，不仅增加成本，还会给 FAST 的后期维护和运营带来难以解决的难题。本节内容通过考虑众多干扰源对道路路线选择的影响，在遵循相应选线原则的情况下，实现了 FAST 检修道路的最优化选择，解决了岩溶洼地道路路线选择难题。此外，通过"桥改路"方案，即通过道路穿越崩塌溶塌巨石混合体，并对路基进行安全防护。实践证明该方案可行、经济、安全、有效，成功达到了节省工期和造价的目的。

3.6　利用微地形地貌单元切分小区分流地表水防排水系统

为保障 FAST 工程地基基础的长期稳定性，防止大窝凼底部被水淹没造成 FAST 重要仪器设备的损坏，必须对洼地内的降水进行排水。若采用大窝凼原有落水洞进行排水存在易被阻塞而排泄不畅问题。因此，根据大窝凼洼地内微地形地貌的特征，将洼地划分为多个小流域区，依据每个小区的汇水面积的不同设置不同截排水沟，将收集后的降水通过底部排水隧道进行消水。该排水系统建造过程主要包括以下部分。

3.6.1　水文计算分析

1）流域参数

根据 1 : 10000 地形图结合实测 1 : 1000 地形图勾绘大窝凼分水岭，其汇水面积为 0.657km²，河长 0.559km，主河道坡降 536‰。

2）暴雨洪水特性

区域内洪水均由暴雨产生，具有陡涨陡落、峰量集中、涨峰历时短等山区性河流的特点。形成暴雨的天气系统主要是受冷峰低槽和两高切变，汛期自每年 5 月初开始，10 月底结束。大洪水多发生在 6 ~ 7 月。

3）区域暴雨量

根据"贵州省年最大 1 小时暴雨均值及 C_v 等值线图"确定暴雨统计参数，本次设计暴雨采用：最大 1 小时降水量均值为 45.0mm，C_v 为 0.40，C_s/C_v 为 3.5。经计算，50 年一遇最大 1 小时降水量为 93.7mm。

4）流域洪水计算

根据《贵州省暴雨洪水计算实用手册》（含修订本）及贵州省水文水资源局提供的"特小流域雨洪计算公式"的要求，其流域特征以流域特征值和集水面积反映。流域特征值计算公式为

$$\theta = \frac{L}{j^{\frac{1}{3}} \times F^{\frac{1}{4}}} \tag{3.2}$$

式中，θ 为流域特征值；j 为主河道比降，取 536‰；F 为开挖后流域面积，取 0.657km²；L 为主河道长度，取 0.559km。

对集水面积小于 10km² 的小流域，设计洪水计算公式为

$$Q_p = 0.481 r^{0.571} f^{0.223} j^{0.149} F^{0.890} [C \cdot S_p]^{1.143} \tag{3.3}$$

式中，Q_p 为设计洪峰流量；r 为汇流系数，取 0.45；f 为流域形状系数，取 2.10；j 为主河道比降，取 536‰；F 为开挖后流域面积，取 0.657km²；C 为洪峰径流系数，取 0.87；S_p 为设计 50 年一遇暴雨雨力，取 93.7mm。

据分析计算，50 年一遇设计洪峰流量为 34.5m³/s。

3.6.2　切分小区分流排水工程

根据水文量算，大窝凼集水面积为 0.657km²，50 年一遇设计洪峰流量为 34.5m³/s。排水方案分为圈梁外侧和圈梁内侧两个区域。圈梁外侧设置外围排水沟，主要收集外围洪水。圈梁外侧排水沟主要利用外围道路排水沟作为截流排水沟，并根据实际地形汇水面积计算排水沟断面尺寸和深度。为了保证路线挖方边坡和陡崖地段的稳定，分别在边坡顶端和陡崖顶端设置排水沟防止水流冲刷坡面和陡崖，断面尺寸和深度根据实际地形汇水面积计算。

圈梁内侧排水沟主要设置两个环向截水沟截水，并利用圈梁内侧螺旋路排水沟作为辅助排水设施，主要收集圈梁内侧区域洪水，截水沟断面尺寸根据实际汇水面积计算。

圈梁外侧和内侧排水沟通过沿反射面中心向望远镜反射面外围设置的径向排水沟分段排水。径向排水沟尺寸根据排洪量计算。外围洪水和反射面区域洪水沿着径向排水沟排至反射面底部水池，最终洪水自反射面底部水池经排洪隧道排至水淹凼。

1. 反射面外围排水沟

1）排水流量参数

大窝凼集水面积 A_1 为 0.657km²；设计洪峰流量 Q_1 为 34.5m³/s。

反射面区域集水面积 A_2，$A_2 = 3.14 × 0.25^2 = 0.196$km²；相应洪峰流量 Q_2，为 10.3m³/s。

反射面外围集水面积 A_3，$A_3 = A_1 - A_2 = 0.461$km²；相应洪峰流量 Q_3，为 24.2 m³/s。

外围排水沟收集的洪水分段分别排入 14 条径向排水沟，每段排水沟设计洪水流量根据实际汇水面积计算。

2）设计排水沟断面

根据水力学曼宁公式计算设计断面，断面尺寸根据实际地形汇水面积计算。施工采用浆砌石外加砼抹面。同时结合地形，在排水沟交接处设置消能兼拦砂水池一座（共 26 座消能池）。

2. 径向排水沟

1）设计排水流量

径向排水沟主要收集分段外围排水沟洪水，每个径向排水沟设计排水流量 1.112 ~ 2.636m³/s。

2）设计排水沟断面

根据水力学曼宁公式计算设计断面，断面尺寸根据实际地形汇水面积计算。施工采用浆砌石外加砼抹面。同时结合地形，每 30m 左右设置消能兼拦砂水池一座。

3. 路面排水沟

路面排水沟主要收集反射面覆盖区域排水，本阶段初步按照一般公路排水沟设计，初步考虑排水沟设计宽度 0.4m，设计高度 0.35m。施工采用浆砌石外加砼抹面。下阶段可根据公路设计方案具体分段计算公路排水沟设计断面。路面排水沟排水分段进入径向排水沟，排至望远镜反射面底部水池。

图 3.13　FAST 台址底部环形积水池及消能池

4. 底部环形积水池

径向排水沟排水进入底部水池，这样底部水池主要作用是消能和收集泥沙。消能水池尺寸为 10m×9m，形状为矩形，水池深度 8m，采用钢筋混凝土砌筑。反射面底部最低高程 834m。考虑 4m 的安全高度，则水池设计水面高程 830m（图 3.13）。

5. 排水隧道

1）排水流量

为确保项目安全，按照岩溶地下通道堵塞的极端情况下（即不考虑洼地天然排泄能力），设计隧道排水工程。

排水隧道排水流量按照 50 年一遇设计洪峰流量 34.5m³/s 计算。

2）排水隧道断面

排水隧道采用无压隧道设计方案。隧道分为明挖段、衬砌段和主隧道段。由于明挖段和衬砌段主要在溶塌巨石混合体 D2 单元开挖，明挖段和衬砌段均按衬砌设计。明挖段长 58.588m，采取钢筋混凝土矩形衬砌，衬砌顶部回填。衬砌段长 72.25m，采用钢筋混凝土城门洞型衬砌。主隧道长 1062.499m，采用复合式衬砌，锚杆＋钢筋网＋喷射混凝土支护，在 V 级和Ⅳ级围岩条件下增设工字钢和钢筋格栅拱架支护。根据水力学曼宁公式计算设计断面，设计宽度 3.0m，设计水深 2.5m，考虑安全高度 0.5m，排水隧道设计直墙高度 3.0m。隧道纵向比降按照 5/1000 设计。隧道总长度 1.121km。隧道进口高程 827.0m，出口高程 821.4m。排水至反射面东面约 1km 的水淹凼，根据 1：10000 地形图，水淹凼底部高程 737.5m。排水隧道出口高程较水淹凼底部高程高 83.9m，完全可满足自由出流的要求。

3）排水隧道洞口设计

排水隧道洞门的设计考虑了洞口的地形和地质条件，结合洞口地段排水要求，按照"早进洞、晚出洞"的原则，尽量采用小开挖的进洞方案，减少洞口边坡、仰坡的开挖，保证岩（土）体的稳定性，尽可能保持原地形的绿色植被坡面。洞门结构设计采用结构简洁、美观实用的结构形式，同时也考虑了洞门设计与洞口周围环境的协调一致。

结合本排水隧道的具体情况，排水隧道出口采用重力式端墙洞门（进口洞门覆土）。洞口段临时边坡采用喷锚防护，排水隧道明洞顶、回填面以上永久边坡采用植草防护（图 3.14）。

图 3.14　FAST 排水系统底部隧道出口
（2014 年 5 月）

4）排水隧道开挖方式

排水隧道采用人工手风钻钻孔一次开挖成型，爆破采用光面爆破工艺，爆破控制以不影响大窝凼底部稳定为原则，爆破石渣采用 LDWZ160 型扒渣机装自卸汽车运到指定料场。若施工中遇到Ⅳ类、Ⅴ类围岩，及时进行支护，支护与开挖施工交叉作业，支护工作面紧跟开挖工作面。

洞室开挖按照"新奥法"进行施工组织管理，根据围岩情况，一般洞室支护施工距开挖工作面距离为 30m 左右；断层处理及Ⅳ类、Ⅴ类围岩的开挖施工，相应安全支护工作紧跟工作面进行（图 3.15）。

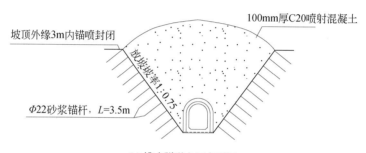

坡顶外缘3m内锚喷封闭

100mm厚C20喷射混凝土

开挖坡比率1:0.75

Φ22砂浆锚杆，L=3.5m

(a) 排水隧道入口立面图

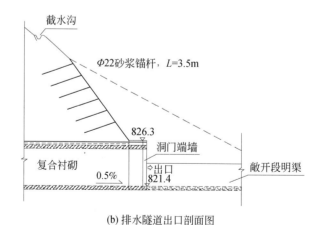

截水沟

Φ22砂浆锚杆，L=3.5m

826.3

洞门端墙

复合衬砌

0.5%

出口
821.4

敞开段明渠

(b) 排水隧道出口剖面图

图 3.15　排水隧道施工示意图

5）隧道支护衬砌

根据排水隧道埋深及围岩级别的不同，在排水隧道中共设计了 S5a、S4b、S3、S2，共计 4 种复合衬砌形式（表 3.9）。

表 3.9　FAST 台址排水隧道复合衬砌各类支护参数表

衬砌形式	围岩类别	初期支护				二次支护	辅助施工
		锚杆	钢筋网	喷射砼	钢拱架		
S5a	V	D25 中空注浆锚杆 L=2.5m 1000mm×1500mm	双层 Φ8 钢筋网 200mm×200mm	C20 喷射砼厚 200mm	14 工字钢间距 1000mm	C30 厚 400mm（钢筋砼）	长管棚、小导管
S4b	IV	Φ22 药卷锚杆 L=2.0m 1500mm×1500mm	单层 Φ6 钢筋网 200mm×200mm	C20 喷射砼厚 180mm	Φ20 格栅间距 1500mm	C30 厚 300mm（砼）	超前锚杆
S3	III	Φ22 药卷锚杆 L=2.0m 1500mm×1500mm（局部）	单层 Φ6 钢筋网 200mm×200mm（局部）	C20 喷射砼厚 100mm		C30 厚 200mm（砼）	
S2	II	不衬砌				C30 厚 200mm（底板）	

　　复合式衬砌参数是首先根据围岩类别、工程地质水文地质条件、地形及埋置深度、结构跨度及施工方法等以工程类比拟定，然后应用有限元程序对施工过程进行模拟分析，定性地掌握围岩及结构的应力发展与变形破坏过程，进一步调整支护参数，最后采用荷载 – 结构 – 弹性抗力计算模式，对结构进行内力分析计算及强度校核。为了与结构设计模式相适应，要求二次衬砌采用先墙后拱法施工，现场模筑。并且具体的支护参数还根据监控量测信息进行了适当调整。

　　洞身支护施工主要有超前砂浆锚杆、系统药卷锚杆、工字钢拱架、格栅钢拱架和钢筋网喷混凝土等形式联合支护。隧道支护施工前，应清除开挖表面松动的岩块、浮石。喷射混凝土施工作业前，设系统锚杆，并将锚杆端部焊接在钢筋网或钢拱架上；埋设控制混凝土厚度的检验钢筋条，并检查和试运行施工区照明和风水管路。在进行洞内 II 类、III 类围岩开挖施工时，支护施工可滞后开挖掌子面一段距离进行；在进行洞内 IV 类、V 类围岩开挖施工时，初期支护施工紧跟开挖掌子面进行，以确保隧道围岩的稳定和施工安全。

　　初期支护：对于 V ~ IV 类围岩，支护施工主要由工字钢拱架（或钢筋格栅），径向锚杆，钢筋网及喷射混凝土组成，而对于 III 类围岩则主要由径向锚杆，钢筋网及喷射混凝土组成。工字钢拱架具有刚度大、发挥作用快的特点，这一点对于岩体自稳能力差的隧道特别重要。每榀工字钢钢拱架之间用 Φ22 的钢筋连接，并与径向锚杆及钢筋网焊为一体，与围岩密贴，形成承载结构。

　　二次支护：对于隧道洞口 V 类围岩浅埋地段，由于岩体风化严重，节理发育、自稳时间较短，二次支护按承担上部土压力覆土荷载计算需采用 C30 钢筋混凝土结构，二次支护要求紧跟开挖面。对于 IV ~ II 类围岩深埋地段，该段岩体比较稳定，能够在一定程度上形成稳定的承载拱，因此结构按承担部分土压力覆土荷载计算可采用 C30 素混凝土结构。在施工过程中仍必须注意初期支护的变形与稳定监测，根据监测数据合理确定二次支护的施作时间，尽可能发挥初期支护的承载能力。

　　6）其他辅助措施

　　在排水隧道施工过程中采用超前长管棚、超前小导管及加固注浆等作为辅助施工手段。

（1）超前长管棚：设置于隧道洞口，管棚入土深度是结合地形、地质情况确定。管棚钢管均采用 $\Phi 108 \times 6mm$ 热轧无缝钢管，环向间距 480mm，接头用长 150mm 的丝扣直接对口连接。当长管棚钢管已深入微风化岩层时可以适当缩短长管棚长度。钢管设置于衬砌拱部，管心与衬砌设计外轮廓线间距大于 300mm，平行底板中线布置。要求钢管偏离设计位置的施工误差不大于 200mm，沿隧道纵向同一横断面内接头数不大于 50%，相邻钢管接头数至少须错开 1.0m。为增强钢管的刚度，注浆完成后管内应以 M30 水泥砂浆填充。为了保证钻孔方向，在明洞衬砌外设 500mm 厚 C25 钢架砼套拱，套拱纵向长 2.0m。考虑钻进中的下垂，钻孔方向应较钢管设计方向上偏 1°。钻孔位置、方向均应采用测量仪器测定，在钻进过程中使用测斜仪测定钢管偏斜度，及时对偏斜进行纠正（图 3.16）。

（2）超前小导管：设置在隧道洞内无长管棚支护的 V 级围岩地段，采用外径 42mm，壁厚 3.5mm，长 3.50m 的热扎无缝钢管，在钢管距尾端 1m 范围外钻 $\Phi 6mm$ 压浆孔。钢管环向间距约 400mm，外插角控制在 10° ~ 15°，尾端支撑于钢架上，也可焊接于系统锚杆的尾端，每排小导管纵向至少需搭接 1.0m（图 3.17）。

图 3.16　引水隧道出口超前长管棚施工方法

图 3.17　隧道内小导管注浆作业

（3）加固注浆：分为长管棚注浆和周边加固注浆，主要用在 V 类围岩地段，以通过注浆提高围岩自身承载能力，提高岩体对结构的弹性抗力，改善结构受力条件。长管棚注浆是利用洞口长管棚先行敷设的钢花管进行；周边加固注浆是利用 $\Phi 25$ 系统注浆锚杆进行。

3.6.3　排水系统环境保护措施

排水隧道遵循"早进洞、晚出洞"的原则，洞口位置在选择时尽量避免了大挖大刷，确保自然坡体的稳定性和保护洞口植被不会破坏，同时也减少弃土的产生量。

在隧道施工过程中将产生废渣与废水进行合理处置。隧道开挖洞渣纵向调配，筛选其中的优质石渣经过加工后作为衬砌材料和混凝土粗集料使用。而其余则必须放弃石渣，统一运输到弃渣场内填埋。在隧道工程完工后，将原有渣顶覆土复耕种草绿化。

隧道施工时产生的废水主要来自隧道自身的冲洗，以及运输石渣车辆在隧道内产生泄露后的冲洗废水。该类废水主要含固体悬浮物，因此在施工场地附近建设有专门的废水沉淀池，在澄清后排放，避免造成环境污染。

对于石渣的运输车辆，在运输过程中优选运输道路减少对周围村庄造成废气与噪声的影响。全面做到周边环境的保护工作。

3.6.4　小结

FAST 台址区位于封闭大型岩溶洼地内，区域内降水只能通过原有落水洞和地表入渗进行消散。但靠这种方式消水存在一定的风险，必须采取人工开凿隧道的方式排泄洼地底部积水。因此，在台址区开挖系统中通过研究大窝凼洼地内的微地貌特征，将台址区切分为多个汇水单元。建立起由多道环向截水沟、径向排水沟及排水隧道组成的大型岩溶洼地排水系统。按照 50 年一遇洪峰流量设计各水工构筑物尺寸。排水沟在建造时，则针对每个单元汇水量设计沟槽截面。

在排水隧道建造过程中，对不同岩土体采取不同的支护方式，并采用超前长管棚、超前小导管及超前锚杆等多种辅助手段，确保隧道施工的安全。通过从生态因素考虑出发，实施多种有效措施减轻排水系统工程对当地生态环境的破坏。

3.7　下拉索促动器基础定位技术

FAST 主动反射面的基本曲面为一半径 300m、口径 500m 的球冠面，是一种基于柔性基底的预应力整体索网结构[30]。它由 4355 个边长 11m 左右的三角形索网构成，各三角形顶点都由节点连接，每个节点通过下拉索与安装在地面上的卷索机构连接。该索网包括 4355 块三角形面板、2225 个主索节点及下拉索驱动装置和地锚，每个地锚对应一个地锚基础。然而，与普通地基基础不同，FAST 地锚基础有其独特之处，具体如下。

（1）岩溶洼地质条件复杂，岩土构成多变，需要针对不同的岩土地质条件对地锚基础进行设计，因此洼地岩土的合理地质分区十分重要。

（2）2225 个地锚基础与 2225 个主索节点一一对应，需要精确求解地锚基础中心点的空间坐标。

（3）FAST 台址内部设备和基础设施多，相互交叉干扰较大，需要合理解决地锚基础与其他天文设备设施的相互干扰问题。

本节针对以上几点展开分析和讨论，旨在解决 FAST 地锚基础工程存在的特殊问题。

3.7.1　岩土分区问题

1）问题的提出

FAST 台址为 U 形岩溶洼地，地层岩性由黏土、崩塌块石溶塌巨石混合体、场地基岩中三叠统凉水井组组成。FAST 台址地质构造较复杂，董当断层（F_1 断层）从场地中部南北向贯穿，形成了一个带宽约 30m 的断层破碎带。断层带角砾岩和断层泥均发育，角砾岩大小不等，被钙质胶结。两组主要发育的区域性节理裂隙即 10°～40°、290°～320°，发育较好，贯穿性强。

FAST 促动器总数为 2225 个，拉索最大拉应力标准值为 100kN 或 70kN，基础形式采用锚杆基础。锚杆基础为在地面钻孔并灌入水泥砂浆，以水泥砂浆与岩石的摩擦力来抵抗下拉索的拉应力。台址岩土单元构成复杂，而各岩土单元与锚固体的黏结强度特征值不同，因此必须对场地岩土单元进行合理的分区和规划，为锚杆基础设计提供科学的依据。

2）问题解决

根据洼地的工程地质特点，分区时通过以填方区、断层影响及崩塌区为台址分区的主控因素，以风化、水流冲刷等为自然因素，集合工程地质调查及测绘，对洼地岩土单元进行科学合理的分区，解决了台址的岩土分区问题。岩土分区工作流程如图 3.18 所示。分区后的 FAST 台址岩土单元为 14 个，其中 1 区 26 个，2 区 20 个，3 区 27 个，4 区 13 个，5 区 7 个，6 区 53 个，7 区 511 个，8 区 224 个，9 区 39 个，10 区 19 个，11 区 572 个，12 区 46 个，13 区 80 个，14 区 588 个。

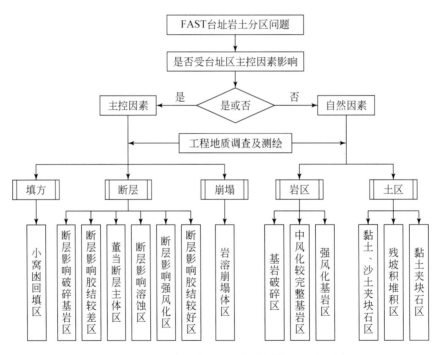

图 3.18　FAST 台址岩土工程调查测绘工作流程图

以 14 区中风化完整基岩区、11 区断层影响强风化区及 8 区董当断层区主体分布的地锚点较多。地锚基础设计和施工时需根据各分区情况，结合上部结构的特点，展开针对性的设计，并严格实行动态设计和信息化施工的原则。

3.7.2　下拉索基础定位问题 [31]

1）问题的提出

FAST 反射面是一种基于柔性基底的预应力整体索网结构，反射面每个节点与下拉索连接，工作时通过促动器改变下拉索的行程而控制反射面节点的位置，从而使反射面变位到不同的观测抛物面 [4, 32, 33]。索网共有 6670 根主索，2225 个主索节点，整个反射面系统的索网节点、下拉索、促动器、地锚点的数目均相同。地锚点是促动器工作的基础，反射面球心、索网节点及地锚点在同一直线上。根据 FAST 反射面的索网划分及后期优化，主索网节点及地锚点最终优化为 2225 个。由于反射面球心坐标及索网节点空间坐标已确定，尚需精确求解地锚点的坐标（即地锚基础的中心坐标）。

2）问题解决

基于 FAST 台址开挖 BIM 模型 [34-36]，构建球心、反射面球冠及洼地地面的空间关系。通过输入反射面球心坐标及节点空间坐标，利用极射投影功能，精确求解了 2225 个下拉索点与地面的交点坐标，如图 0.6 所示。

3.7.3　地锚基础与其他天文设备设施的相互干扰问题

1）问题的提出

场地内与地锚基础干涉的基础设施主要有洼地排水沟、道路挡墙，其中洼地内径、环向排水沟交错，总长度达 4.4km。此外，由于场内道路通行的高度不能低于 2.2m，受下拉索的影响，地锚的布置位置不能与道路及其周边一定范围重叠，以免影响场内交通。根据极射投影结果，与水沟干涉的投影点有 5 个，与道路干涉的点共有 21 个。

2）问题解决

（1）水沟设计选线时考虑了与地锚点干涉的因素，因此，水沟与地锚点之间的相互干涉不多，与地锚点干涉的水沟线路需绕开地锚投影点。

（2）与道路干涉的地锚点通过局部调整道路线形和改变地锚点的坐标方式解决。其中通过调整道路线形解决干涉的点有 11 个，通过改变地锚点的坐标解决的干涉点有 10 个，见表 3.10。

（3）由于部分地锚点投影在挡墙上，对这部分地锚基础，需采取支撑钢筋或用片石托住，保证地锚基础的稳定性，使下拉索的倾角满足设计要求。

表 3.10　FAST 台址区位于道路内的地锚点

序号	地锚个数	方案	适用条件和要求
1	11	局部调整道路线形	1. 拓宽道路后，道路挡墙支护高度不大于 8m； 2. 地形平缓区域拓宽道路时土石方开挖量小
2	10	改变地锚点	1. 干涉地锚点位于道路中部且调整道路线形工程量较大时使用； 2. 调整后地锚点和原地锚点与索网节点之间连线夹角不得大于 20°

3.7.4　小结

FAST 台址为一个 U 形岩溶洼地，台址地形陡峭，岩土单元复杂，天文设备的定位精度要求高，设备之间的相互干涉多，因此，FAST 的地锚基础的设计问题是一个系统的复杂的技术难题。本节针对 FAST 地锚工程存在的特殊问题，以断层、岩溶崩塌及填方为主控因素，考虑岩土风化及水流冲刷为自然因素，对岩溶洼地岩土单元进行了科学合理的划分，为地锚基础设计提供了依据；通过建立 FAST 台址开挖后的 BIM 模型，利用极射投影技术，实现了地锚点的精确定位；对投影后出现的地锚干涉点，通过避让或加宽的方式，解决了地锚点与基础设施的相互干涉问题。

3.8　本章小结

本章基于 FAST 开挖系统建造的开挖最优化原则，在考虑多因素制约的情况下，提出了 FAST 台址建造的最优技术方案，成功解决了 FAST 开挖系统建造时遇到的各种关键技术难题，达到了缩短工期、节约造价的目的，创造了巨大的经济价值、环境效益和社会效益。FAST 台址与美国 Arecibo 台址开挖系统相比，开挖系统岩土治理规模是 Arecibo 的 5 倍，总体建设规模是 Arecibo 的近 3 倍。FAST 台址技术条件更复杂、应用规模更大、技术创新更多。台址建造过程中，所采用的一批具有自主知识产权的新颖性、创造性和实用性的岩土工程治理综合技术，形成了大型岩溶洼地综合利用的新示范。FAST 开挖系统岩土工程设计综合治理技术总体达到国际先进水平，对提高岩溶洼地综合利用水平具有重大意义，对类似工程建设具有很好的示范和推广作用。

第二篇　FAST 开挖系统关键技术

第4章　多目标方法下的开挖中心最优化选择技术

4.1　概　　述

　　FAST 台址位于岩溶洼地内，在已知球面曲率半径、主动反射面口径、球冠张角及矢高等参数的情况下，如何最优化地定位大射电望远镜反射面的几何空间位置是最重要的问题，而这一切的前提条件是确定最优开挖中心，开挖中心与开挖面及反射面的空间位置关系如图 4.1 所示（图中 A1、C1 和 D1 参见表 1.2）。由图 4.1 可知，大射电望远镜反射面几何空间位置的定位问题就是开挖中心的最优化选择问题。影响开挖中心选择的关键因素和指标有反射面开挖工程量、边坡开挖及地灾治理成本、D2 单元清除系数、是否有利于馈源塔塔基位置选择及是否有利于圆梁柱基位置选择等。以上各因素之间的关系错综复杂，极具模糊性和难量化性，难以单纯地以定量或定性问题来简单解决。因此，开挖中心选择的最优化选择问题本质就是综合考虑以上关键因素，找出适宜台址建造的最优组合的问题。

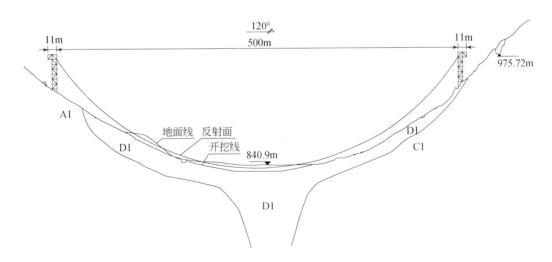

图 4.1　开挖中心与反射面及开挖面的空间位置关系图

为实现 FAST 开挖中心的最优化选择，给 FAST 台址的开挖工作提供科学合理的依据，贵州正业工程技术投资有限公司在国内无相关成熟的方法和工程经验可供借鉴的情况下，通过与国内多家科研院所、高等院校合作，基于多目标多属性决策方法，采用定性评价与定量评价相结合的研究手段，展开了以下几个方面的研究工作：①确定合理的开挖中心；②最优化地定位 50 个支撑柱的平面位置；③最优化地定位 6 个馈源塔塔基的空间坐标；④精确求解球心和索网节点连线与洼地地面的三维交点坐标；⑤平面表达球冠形体岩土开挖中的多要素、多维度信息，以利于施工利用并保证开挖精度。以上五方面的研究成果实现了 FAST 项目台址建造的最优化设计，为 FAST 后期的总体设计和安全运行提供了基础和保障。

4.2 多目标方法的应用研究

4.2.1 开挖中心最优化选择技术

FAST 工程将在岩溶洼地中铺设 4355 个反射镜单元组成的半径为 300m 的球型反射面，反射面球冠口径为 500m。反射面由宽 12m、位于直径 506m 的圆周上的 50 个圈梁支撑柱支撑；6 个馈源支撑塔均匀分布于直径 600m 与圈梁同心的圆周上。为满足望远镜反射面、圈梁和塔基三部分结构的安装需求，需要实现对岩溶洼地的合理有序开挖及土石方回填，而实现这一切的前提条件是确定合理的开挖中心。

合理的开挖中心包括合理的开挖平面坐标和合理的开挖深度，开挖之后的结果应在保证安全的前提下、满足结构安装需求的同时，考虑望远镜的整体建造成本，最大限度地降低开挖与边坡工程量。在合理的开挖中心的基础之上，进一步合理确定 50 个圈梁支撑柱及 6 个馈源支撑塔的位置。

根据第 2 章内容，由于开挖中心的选择受到的制约因素多，各因素之间的关系错综复杂，为选择最优的开挖中心空间坐标，本部分研究基于多目标多属性决策方法，采用"精细考察 – 室内研究 – 理论评价 – 数值仿真"的研究方式，求解开挖中心的最佳空间位置，并实现研究成果的可视化输出。

1. 初选方案：考虑开挖量与馈源塔位置的开挖中心选择

1）总体技术路线

利用精测的地形数据，生成矢量数字高程模型（DEM），将矢量 DEM 转换成栅格数据（网格化，离散化），在 DEM 数据的基础上，建立三维地形模型，在三维引擎的支持下，渲染得到真实的三维数字地形模型（DTM），与三维 FAST 反射面拟合，完成 FAST 选址工程模拟，在三维模拟的基础上，研发了 FAST 工程关键计算算法，开发了三维场景显示漫游、交互操作和测量计算等功能，实时计算挖填方量，交互式移动反射面，得到反射面位置与挖方量的映射关系。具体工作流程如图 4.2 所示。

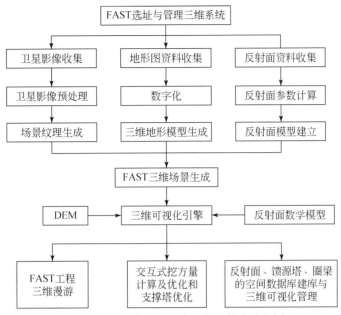

图 4.2　FAST 台址开挖中心初选技术路线图

2）选点关键计算方法

a. 基础空间数据处理

空间数据是整个 FAST 选址优化及三维模拟系统的基础。所有研究与工程工作的开展，都必须以空间基础数据为基础，因此，对基础数据的预处理、校正至关重要。对基础数据的处理包括遥感图像的获取、几何纠正、图像增强处理等。对地形数据的处理包括数据格式转换、数据质量分析与误差评估、矢量栅格转换、重采样等。

利用 1∶10000、1∶1000 等不同比例尺的地形图通过格式转换，生成栅格格式 DEM。为了满足不同应用需求，对原始数据采样为水平方面 1m 分辨率和 2m 分辨率两种形式，高程分辨率均为 0.1 m，并制作了各种地形图的晕渲图如图 4.3 所示。

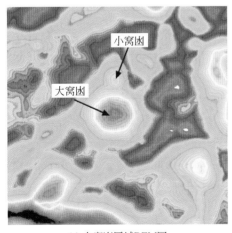

(a) 大窝凼区域DEM图

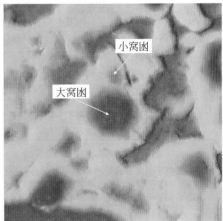

(b) 晕渲图

图 4.3　大窝凼区域 DEM 及晕渲图（1∶10000）

b. 开挖量估算关键算法

研究区域内某一点的地形表面高程定义为

$$H_t = f(x, y) \tag{4.1}$$

反射面上任意一点的高程定义为

$$H_d = g(x, y) \tag{4.2}$$

对于反射面的高程需要两步计算得到：首先，计算反射面上每一点相对于反射面中心点（最低点）的相对高程，该值依据球体半径 R 和球冠投影面半径 r 的几何关系确定；其次，根据优化过程中设定的反射面中心点高程，加上相对于中心点的相对高程，获得反射面任意一点的高程。

则在给定的反射面候选区域 D，挖方量计算可以表达为

$$V = \iint\limits_{D} [f(x, y) - g(x, y)] \mathrm{d}x\mathrm{d}y \tag{4.3}$$

c. 开挖中心最优化方法

在初步确认的 FAST 台址大窝凼范围内，选定了一个 2km×2km 核心区域，进一步将这一区域的 DEM 采样为 0.1m 分辨率，即 20000×20000 像素；同时，直径 500m 的反射面模型在平面上的投影同样采样为 0.1m 分辨率，即 5000×5000 像素，将每一个像素开挖量记为 c_{ij}，则总的开挖量为

$$C = \sum_{i=0}^{M-1} \sum_{j=0}^{N-1} c_{ij} \tag{4.4}$$

式中，N, M 为反射面投影边界 x, y 方向的像素值，此处均为 5000。

最后，在该核心区域的中心位置定义了一个 100m×100m 的候选区域，作为反射面可以移动的范围，即反射面中心可以在这 10000 个点上任意移动，优化算法即为求 FAST 反射面中心在这 10000 个点上移动时开挖量最小的位置，其结果如图 4.4 所示，图中展示了 FAST 中心点在候选区域移动时的开挖量等值线，可见最优开挖中心在相对坐标（−4，5）附近。在 100m×100m 范围内最小挖方量为 90.4 万 m³，最大挖方为 379.2 万 m³（此时，反射面中心点高程为 828m，开挖前大窝凼最低点的高程为 841m，如图 4.5 所示）。从图 4.4 可见，挖方量分布趋势为，以最小点为中心呈椭圆分布，沿西北方向等高线较缓。

由于 FAST 开挖量只是台址优化的关键参数之一，台址的确定还和支撑塔位置等其他参数有关，为了兼顾对其他参数的优化，本书通过自主开发的交互式台址优化系统，通过上述算法得到开挖最优解之后，基于系统的交互式功能，实现 FAST 反射面微调带来的挖方量改变，并能实时可视化反射面的位置与周边地形的关系，以进一步优化其他参数。

在综合考虑最优挖方量及馈源支撑塔位置两个因素的情况下，开挖面平面相对坐标定为（−4，5），高程确定为 828m，即开挖深度为 13m。

2. 选定决定型平面：多目标多属性决策下开挖中心决定型平面选择

如前所述，影响开挖中心选择的关键因素和指标有反射面开挖工程量、边坡开挖及地

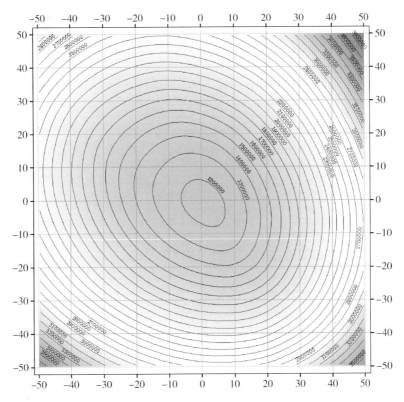

图 4.4 FAST 台址开挖中心点在候选区域移动时的开挖量等值线

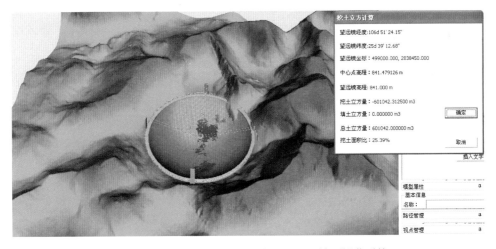

图 4.5 基于 1 : 1000 地形图的 FAST 三维可视化系统

灾治理成本、D2 单元清除系数、是否有利于馈源塔塔基位置选择及是否有利于圈梁柱基位置选择等。各因素之间关系错综复杂，这是一个典型的、复杂的、具有多个目标的决策问题。这类问题若凭人脑进行信息加工，便做出最优化决策，是十分困难或根本不能做到的。因此，对于这类问题，需运用科学的方法，先表述出问题中各因素的关系，建立合适的数学模型，再运用有效的求解方法和借助计算机强大的运算功能，得到问题的数值解答，才是解决这类多目标决策问题的可靠途径[37-39]。

根据第一阶段（初选）的研究成果，开挖面平面相对坐标定为（-4，5），高程确定为 828m，但此坐标未考虑边坡开挖及地灾治理成本、洼地 D2 单元清除系数等因素。FAST 台址开挖建造成本与各因素的关系见表 4.1。

表 4.1　FAST 台址开挖中心优化选择影响因素分析表

影响因素	影响因素受开挖中心高程影响情况	对台址开挖建造成本的影响	备注
反射面开挖工程量	随高程增加而减小	越小，成本越低	高程的增加一定程度上会影响望远镜的电磁波屏蔽效果，同时会增加望远镜建造成本、维护难度
边坡开挖及地灾治理成本	随高程增加而减小	越小，成本越低	
D2 单元清除系数	随高程增加而减小	越小，成本越高	
是否有利于馈源塔塔基位置选择	受开挖中心平面坐标位置选择影响更大	越有利，成本越低	
是否有利于圈梁柱基位置选择	受开挖中心平面坐标位置选择影响更大	越有利，成本越低	

从表 4.1 中可知：在影响开挖中心选择的众多因素中，反射面开挖工程量、边坡开挖及地灾治理成本均随着中心高程的提高而降低；D2 单元清除系数所带来的成本则随着中心高程的提高而增加；是否有利于馈源塔塔基位置选择及圈梁柱基位置选择则更多受开挖中心平面坐标位置选择的影响。与此同时，高程的增加一定程度上会影响望远镜的电磁波屏蔽效果，同时会增加望远镜建造成本、维护难度，开挖中心高程的上限定为 836m，为台址开挖的刚性条件。因此，本节在综合考虑反射面开挖工程量、边坡开挖及地灾治理成本、D2 单元清除系数的前提下，以 FAST 台址开挖建造成本为约束条件，求解开挖中心所在的最优平面，即决定型平面。

FAST 台址开挖子分部工程项目见表 4.2。

表 4.2　FAST 台址开挖子分部工程项目表

序号	工程项目名称
1	土石方开挖工程
2	溶塌巨石混合体治理工程
3	危岩治理工程
4	边坡工程
5	排水工程
6	钢筋砼桥
7	大型机械进出场费
8	岩堆、危岩施工勘察费用

在 FAST 工程项目预算中：反射面开挖工程量包含在土石方开挖工程内；边坡开挖及

地灾治理成本、D2 单元清除系数包含在溶塌巨石混合体治理工程内；馈源塔塔基及圈梁柱基的不同位置将产生不同的开挖及地基处理费用，包含在土石方开挖工程内。据此，可根据第一阶段（初选）的研究成果，以总造价为约束条件，综合考虑上述众多因素，求解开挖中心所在的最优平面。

第一阶段（初选）的研究结论如下：开挖中心相对坐标为（-4，5），高程 828m，开挖深度为 13m。以此开挖中心为起点，以 1m 为阶梯逐级抬高至 836m，综合考虑馈源塔塔基及圈梁柱基的位置选择（优化方法见 4.2.2 和 4.2.3 部分内容），通过计算不同开挖中心点所产生的预算造价，寻求开挖中心所在的最优平面。

开挖中心高程 828m 时工程预算造价见表 4.3。

表 4.3　FAST 台址比选高程工程造价预算表（高程 828m）

序号	工程项目名称	费用/万元	备注
1	土石方开挖工程	12228.02	
2	溶塌巨石混合体治理工程	1433.85	
3	危岩治理工程	532.19	
4	边坡工程	3291.13	该高程上已进行过勘察工作
5	排水工程	771.48	
6	钢筋砼桥	180.00	
7	大型机械进出场费	16.71	
	合计	18453.38	

开挖中心高程 829m 时工程预算造价汇总见表 4.4，其余高程（830～836m）见表 4.5～表 4.11。

表 4.4　FAST 台址比选高程工程造价预算表（高程 829m）

序号	工程项目名称	费用/万元	备注
1	土石方开挖工程	10625.81	
2	溶塌巨石混合体治理工程	1282.65	
3	危岩治理工程	528.31	
4	边坡工程	2802.52	
5	排水工程	711.80	增加勘察费用
6	钢筋砼桥	180.00	
7	大型机械进出场费	16.71	
8	岩堆、危岩施工勘察费用	47.25	
	合计	16195.05	

表 4.5　FAST 台址工程造价预算表（高程 830m）

序号	工程项目名称	费用 / 万元	备注
1	土石方开挖工程	9053.55	
2	溶塌巨石混合体治理工程	1275.72	
3	危岩治理工程	532.51	
4	边坡工程	2425.09	
5	排水工程	658.79	增加勘察费用
6	钢筋砼桥	180.00	
7	大型机械进出场费	16.71	
8	岩堆、危岩施工勘察费用	47.25	
	合计	14189.62	

表 4.6　FAST 台址工程造价预算表（高程 831m）

序号	工程项目名称	费用 / 万元	备注
1	土石方开挖工程	7688.40	
2	溶塌巨石混合体治理工程	1226.53	
3	危岩治理工程	541.62	
4	边坡工程	2041.76	
5	排水工程	611.32	增加勘察费用
6	钢筋砼桥	180.00	
7	大型机械进出场费	16.71	
8	岩堆、危岩施工勘察费用	47.25	
	合计	12353.59	

表 4.7　FAST 台址工程造价预算表（高程 832m）

序号	工程项目名称	费用 / 万元	备注
1	土石方开挖工程	6450.92	
2	溶塌巨石混合体治理工程	1265.82	
3	危岩治理工程	555.76	
4	边坡工程	1842.39	
5	排水工程	565.18	增加勘察费用
6	钢筋砼桥	180.00	
7	大型机械进出场费	16.71	
8	岩堆、危岩施工勘察费用	47.25	
	合计	10924.03	

表 4.8　FAST 台址工程造价预算表（高程 833m）

序号	工程项目名称	费用 / 万元	备注
1	土石方开挖工程	5485.85	
2	溶塌巨石混合体治理工程	1230.98	
3	危岩治理工程	562.29	
4	边坡工程	1619.88	
5	排水工程	535.74	增加勘察费用
6	钢筋砼桥	180.00	
7	大型机械进出场费	16.71	
8	岩堆、危岩施工勘察费用	47.25	
	合计	9678.70	

表 4.9　FAST 台址工程造价预算表（高程 834m）

序号	工程项目名称	费用 / 万元	备注
1	土石方开挖工程	4550.77	
2	溶塌巨石混合体治理工程	1361.66	
3	危岩治理工程	726.84	
4	边坡工程	1543.18	
5	排水工程	552.08	增加勘察费用
6	钢筋砼桥	180.00	
7	大型机械进出场费	16.71	
8	岩堆、危岩施工勘察费用	47.25	
	合计	8978.49	

表 4.10　FAST 台址工程造价预算表（高程 835m）

序号	工程项目名称	费用 / 万元	备注
1	土石方开挖工程	4119.88	
2	溶塌巨石混合体治理工程	1511.72	增加勘察费用
3	危岩治理工程	780.34	
4	边坡工程	1485.21	

续表

序号	工程项目名称	费用 / 万元	备注
5	排水工程	573.10	增加勘察费用
6	钢筋砼桥	180.00	
7	大型机械进出场费	16.71	
8	岩堆、危岩施工勘察费用	47.25	
	合计	8747.21	

表 4.11　FAST 台址工程造价预算表（高程 836m）

序号	工程项目名称	费用 / 万元	备注
1	土石方开挖工程	3844.65	增加勘察费用
2	溶塌巨石混合体治理工程	1609.17	
3	危岩治理工程	831.60	
4	边坡工程	1400.52	
5	排水工程	588.49	
6	钢筋砼桥	180.00	
7	大型机械进出场费	16.71	
8	岩堆、危岩施工勘察费用	47.25	
	合计	8518.39	

对开挖中心相对坐标为（-4，5），高程为828 ~ 836m 时所对应的造价总预算进行汇总，得到同一开挖中心下，造价随高程变化的趋势图，如图 4.6 和图 4.7 所示。

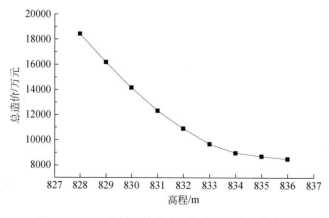

图 4.6　FAST 台址开挖总造价与高程的关系曲线图

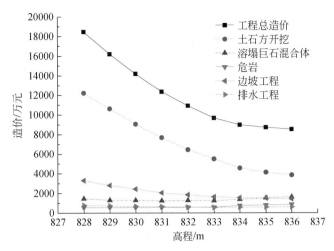

图 4.7　FAST 台址开挖各子工程造价与高程的关系曲线图

综合图 4.6、图 4.7、表 4.3 ~ 表 4.11 的内容可知，在开挖中心保持不变的情况下，FAST 台址开挖造价与高程之间呈现如下规律。

（1）对于工程总造价：随着高程的逐级升高，工程总造价逐渐降低。在 828 ~ 836m 逐级提高时，工程总造价从 18453.38 万元降低至 8518.39 万元。高程在 834m 以下，下降趋势较为明显，834 ~ 836m 下降趋势不明显。

（2）对于各子工程造价：①土石方开挖工程的造价曲线走势与工程总造价曲线走势一致。②对溶塌巨石混合体治理工程、危岩治理工程及排水工程，其对应的造价曲线在高程为 834m 处出现转折，即在 828 ~ 834m，工程造价随着开挖中心高程的抬高而降低；在 834 ~ 836m，工程造价随着开挖中心高程的抬高而增加。③对边坡工程，工程造价随着开挖中心高程的抬高而降低，但高程在 834m 以上，工程造价降低的幅度不大。

望远镜的升高，会降低电磁波屏蔽的效果，且望远镜整体抬高 1m，结构成本增加约 100 万元，同时会一定程度地增加建造及维护难度。综上可以认为：在综合考虑影响开挖中心选择的多因素的情况下，以工程总造价为约束条件时，开挖中心的提高可以较为明显地降低工程总造价。但当开挖中心抬高至 834m 时，再往上提升已经没有意义。因此开挖中心高程定为 834m 是最优高程，主要优势表现如下：

（1）将工程总造价尽量控制在最低水平；

（2）尽量保证了望远镜的电磁波屏蔽效果；

（3）保证了排渣量满足填渣场的需求。

3. 精确定位：决定型平面内的开挖中心最优化选择

已知，开挖中心高程为 834m 是最优高程。但在 834m 高程内，开挖中心是否可以进一步优化呢？因此，如何选择最佳开挖中心的平面坐标也是个关键的技术难题。针对该问题，本节仍以前述多目标多属性的方法，在综合考虑影响开挖中心选择的多因素的情况下，以工程总造价为约束条件，求解开挖中心在 834m 高程上的最优平面坐标。

在 834m 高程上，开挖中心平面相对坐标为（-4，5），从反射面开挖工程量上看，该坐标已经接近最小开挖工程量。但对于工程总造价而言,边坡开挖及地灾治理成本、D2 单元清除系数尚未达到最优,馈源塔塔基及圈梁柱基处理成本也在变化范围内,因此,需要在综合考虑多因素的情况下,求解 834m 高程平面内的开挖中心最优平面坐标。求解过程具体如下。

1)确定可优化范围

由图 4.4 可知,在以平面相对坐标(–4,5)为中心,半径为 10m 的区域内,开挖量的变化范围不大。沿中心向东南方向,开挖量变化趋势更缓,但东南方向存在 5H 崩塌槽,如沿该方向平移过多,可能会因满足反射面的空间需求而形成高陡边坡,大幅增加地灾治理成本,同时对望远镜的安全运营也是不利的。因此,进一步优化的范围定为以相对坐标(–4,5)为中心,上下左右平移范围为 10m,最终形成一个 20m × 20m 的优化范围,如图 4.8 所示。

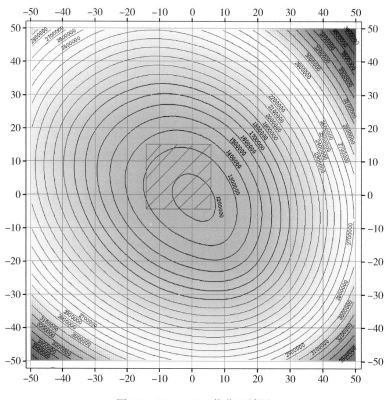

图 4.8　20m × 20m 优化区域图

2)可优化范围的进一步优化

通过开挖中心的平移,应用 BIM 技术模拟不同台址开挖中心在平面上的不同建设位置,求解工程开挖及 6 个馈源塔场地开挖与工程造价投资之间的隐性函数关系。以 2m 为间距,算出优化范围内的造价(万元)等值线分布云图,如图 4.9 所示。将初始的最优开挖中心点的平面相对坐标(–4,5)作为图 4.9 中的中心点(0,0)。

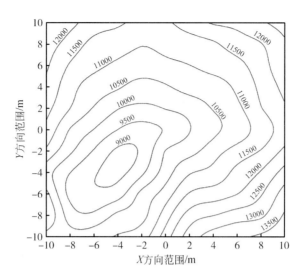

图 4.9　20m×20m 优化区域造价等值线云图

3）最优区域内选点

从图 4.9 可见，在以平面相对坐标（-4，5）为优化原点的情况下，工程造价最优区域集中在 $x \in (-6，-2)$，$y \in (-6，-1)$ 的条形区域内。为进一步求得最优区域内的最优点，对该区域内的点进行加密，并计算每个加密点对应的造价预算值。加密间距为 1m×1m，对所得的造价预算值进行三维空间曲面拟合，求取曲面的极小值，该值即为求解的最优开挖中心点。加密点分布如图 4.10 所示。

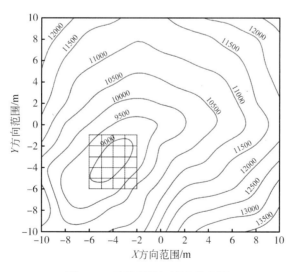

图 4.10　最优区域加密点分布图

选取的加密点坐标及对应的造价见表 4.12。

　　　　　　　　表 4.12　FAST 台址开挖中心优化选择拟合区域加密点坐标及对应造价表

点坐标 （x, y）	-5, -1	-4, -1	-3, -1	-5, -2	-4, -2	-3, -2	-2, -2	-5, -3
工程造价 / 万元	9409.16	9142.19	9056.05	9131.70	8952.12	8953.51	9135.87	8966.48
点坐标 （x, y）	-4, -3	-3, -3	-6, -4	-5, -4	-4, -4	-3, -4	-6, -5	-5, -5
工程造价 / 万元	8874.36	8963.21	9099.12	8913.50	8908.84	9085.15	9070.93	8972.76

　　从表 4.12 可以看出：在拟合区域内，工程造价最大值为 9409.16 万元，在（-5，-1）点处；工程造价最小值为 8874.36 万元，在（-4，-3）点处。最大值与最小值差值相差 534.8 万元。为求得区域上的最小值点，对区域内的点进行三维曲面拟合，利用坐标和工程造价拟合三维曲面函数（ 相关系数 r^2=0.9786），得

$$Z=90.48412x^2+459.85892x+56.12048y^2+8.52247y-87.46002xy+9836.04196 \qquad (4.5)$$

式中，x 为正西方向平移距离（m）；y 为正南方向平移距离（m）；Z 为工程预算造价（万元）。

　　该函数的空间曲面模型如图 4.11 所示。

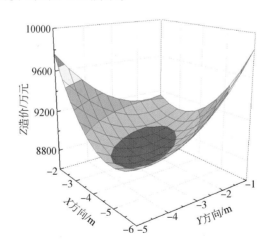

图 4.11　FAST 台址开挖造价拟合函数空间曲面模型图

　　对式 (4.5) 求解极小值，得到极值点为（-4.1349，-3.2866），求得极小值为 8871.25 万元，与高程 828m 时的工程造价 18453.38 万元相比，节约开挖系统建造成本 9582.13 万元。该点即为最优开挖中心，最终求解的开挖中心空间坐标为（-4.1349，-3.2866）。至此完成最优开挖中心空间坐标的求解工作。

4.2.2　馈源塔位置优化选择技术

根据 4.2.1 部分内容可知：6 个馈源塔将等分分布在直径 600m 的圆周上，可整体旋转调整。由于洼地内部位置地形起伏大，陡崖、岩堆、岩溶等不良地质现象密布，需综合考虑多项因素，最优化定位馈源塔塔基础的位置。定位时遵循以下基本原则。

（1）馈源塔塔基在陡坡处可采用长短腿，根开不大于 40m，塔腿之间高低允许的最大差值为 18m，塔基础附近的坡度不宜超过 45°；

（2）避免落入小窝凼、V 形崖口处；

（3）尽量使塔的高差相对均匀，以利于降低塔的建设成本；

（4）尽量避开不良工程地质及减少开挖量。

立足以上原则对馈源塔位置进行优化定位，主要步骤如下。

第一步：遵循原则（2）、原则（3），初步确定 6 个馈源塔的位置。

通过 BIM 集成及模拟仿真，绕优化后的开挖中心旋转六塔，以与正北方向 0° 为起点，0.5° 为步长，将六塔位置分成 120 组进行分析比对。优化后六塔塔高为 133.6m、140.7m、91.28m、135.6m、131.5m、152.1m，初选的平面位置分布如图 4.12 所示。

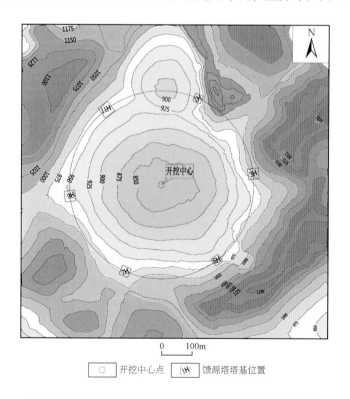

图 4.12　FAST 台址馈源塔塔基初选后的平面位置分布图

第二步：尽量避开陡崖及崩塌溶塌巨石混合体，减少开挖量，对馈源塔的位置再优化。

　　通过模拟选择，共选出 4 套方案为较优方案，包括逆时针旋转 8°、顺时针旋转 16°、顺时针旋转 23°、顺时针旋转 30°。小窝凼 11H 处馈源塔处填方高度较大，馈源塔塔基施工受回填土影响较大，因此以顺时针旋转 16° 及顺时针旋转 23° 方案进行工程量优化选择，优化结果见表 4.13、表 4.14。

表 4.13　FAST 台址馈源塔塔基顺时针旋转 16° 方案优化结果表

顺时针旋转 16° 方案	挖方量 /m³	塔高 /m	控制塔基高差 /m
1H 馈源塔塔基 1：0.3 放坡（35m 根开）	112245.13	80	30
3H 馈源塔塔基 1：0.3 放坡（40m 根开）	2961.06	138	25
5H 馈源塔塔基 1：0.3 放坡（40m 根开）	17537.21	117	25
7H 馈源塔塔基 1：0.3 放坡（40m 根开）	2503.33	120	25
9H 馈源塔塔基 1：0.3 放坡（40m 根开）	2010.15	144	25
11H 馈源塔塔基 1：0.3 放坡（40m 根开）	251.05	141	25
合计	137507.90	740	

表 4.14　FAST 台址馈源塔塔基顺时针旋转 23° 方案优化结果表

顺时针旋转 23° 方案	挖方量 /m³	塔高 /m	控制塔基高差 /m
1H 馈源塔塔基 1：0.3 放坡（40m 根开）	60680.91	100	33
3H 馈源塔塔基 1：0.3 放坡（40m 根开）	13874.76	139	25
5H 馈源塔塔基 1：0.3 放坡（40m 根开）	21839.13	103	25
7H 馈源塔塔基 1：0.3 放坡（40m 根开）	10860.05	117	25
9H 馈源塔塔基 1：0.3 放坡（40m 根开）	3459.32	139	25
11H 馈源塔塔基 1：0.3 放坡（40m 根开）	0	160	11
合计	110714.20	758	

　　根据工程量对比，顺时针旋转 23° 方案较顺时针旋转 16° 方案开挖工程量少约 2.7 万 m³，且有利于圈梁外环检修道路的形成，11H 馈源塔塔基位置虽有两个基础处于填方区域，但该区域最大填方厚度约 22m，基础施工技术可行，所以 23° 方案为理想的优化方案。优化后的馈源塔塔基平面位置分布如图 4.13 所示。

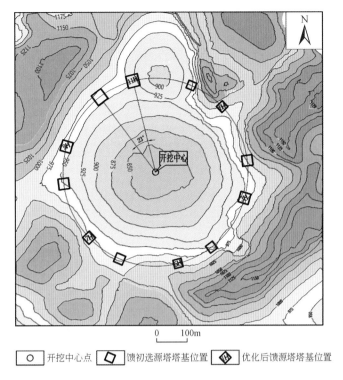

图 4.13　FAST 台址馈源塔塔基平面位置分布图

4.2.3　圈梁支撑柱位置优化选择技术

因开挖中心变化，圈梁支撑柱的相对位置发生变化，确定位置时以 1# 圈梁支撑柱（QLZ1）与正北向夹角为 0° 为起点，均匀布置圈梁支撑柱作为第一方案，相邻两支撑柱间夹角为 7° 12′。在第一方案的基础上按顺时针每旋转 1°，旋转 6 次共 7 个方案作为选择。支撑柱方案选择主要考虑避开高陡地形及对勘察资料的利用。优化后的圈梁支撑柱坐标及预计长度见表 4.15。

表 4.15　FAST 台址圈梁支撑柱数据简表

编号	X	Y	地面标高 /m	圈梁底部标高 /m	支撑柱长度 /m
QLZ1	−4.124	249.717	917.865	972.168	54.30
QLZ2	−35.833	247.722	912.890	972.168	59.28
QLZ3	−67.043	241.769	919.211	972.168	52.96
QLZ4	−97.260	231.951	943.065	972.168	29.10
QLZ5	−126.008	218.423	961.657	972.168	10.51
QLZ6	−152.834	201.399	986.161	972.168	1.00
QLZ7	−177.315	181.146	986.882	972.168	1.00

续表

编号	X	Y	地面标高 /m	圈梁底部标高 /m	支撑柱长度 /m
QLZ8	−199.064	157.986	962.539	972.168	9.63
QLZ9	−217.740	132.281	950.302	972.168	21.87
QLZ10	−233.045	104.439	953.993	972.168	18.18
QLZ11	−244.741	74.899	956.139	972.168	16.03
QLZ12	−252.643	44.125	954.735	972.168	17.43
QLZ13	−256.625	12.603	936.376	972.168	35.79
QLZ14	−256.625	−19.169	931.893	972.168	40.28
QLZ15	−252.643	−50.690	925.512	972.168	46.66
QLZ16	−244.741	−81.464	928.614	972.168	43.55
QLZ17	−233.045	−111.005	938.384	972.168	33.78
QLZ18	−217.739	−138.847	924.575	972.168	47.59
QLZ19	−199.064	−164.551	922.874	972.168	49.29
QLZ20	−177.315	−187.712	921.657	972.168	50.51
QLZ21	−152.834	−207.964	917.547	972.168	54.62
QLZ22	−126.008	−224.988	924.844	972.168	47.32
QLZ23	−97.260	−238.516	935.600	972.168	36.57
QLZ24	−67.043	−248.334	956.129	972.168	16.04
QLZ25	−35.833	−254.288	955.539	972.168	16.63
QLZ26	−4.124	−256.283	959.791	972.168	12.38
QLZ27	27.585	−254.288	962.157	972.168	10.01
QLZ28	58.794	−248.334	955.049	972.168	17.12
QLZ29	89.011	−238.516	949.880	972.168	22.29
QLZ30	117.760	−224.988	946.290	972.168	25.88
QLZ31	144.586	−207.964	947.686	972.168	24.48
QLZ32	169.066	−187.712	945.547	972.168	26.62
QLZ33	190.816	−164.551	945.330	972.168	26.84
QLZ34	209.491	−138.847	940.715	972.168	31.45
QLZ35	224.797	−111.005	941.582	972.168	30.59
QLZ36	236.493	−81.464	940.116	972.168	32.05
QLZ37	244.395	−50.690	935.214	972.168	36.95

续表

编号	X	Y	地面标高 /m	圈梁底部标高 /m	支撑柱长度 /m
QLZ38	248.377	−19.169	929.949	972.168	42.22
QLZ39	248.377	12.603	931.702	972.168	40.47
QLZ40	244.395	44.125	931.618	972.168	40.55
QLZ41	236.493	74.899	933.181	972.168	38.99
QLZ42	224.797	104.439	933.653	972.168	38.52
QLZ43	209.491	132.281	933.919	972.168	38.25
QLZ44	190.816	157.986	933.308	972.168	38.86
QLZ45	169.066	181.146	934.911	972.168	37.26
QLZ46	144.585	201.399	936.712	972.168	35.46
QLZ47	117.759	218.423	936.727	972.168	35.44
QLZ48	89.011	231.951	933.495	972.168	38.67
QLZ49	58.794	241.769	933.050	972.168	39.12
QLZ50	27.585	247.722	930.499	972.168	41.67
合计					1612.04

优化后的圈梁支撑柱平面位置分布如图 4.14 所示。

图 4.14　FAST 台址圈梁与基础施工照片（2014 年 11 月）

4.3　球冠构筑物球心和索网节点连线与地面交点坐标解析技术

　　FAST 主动反射面的基本曲面为一半径为 300m、口径 500m 的球冠面,是一种基于柔性基底的预应力整体索网结构。由 4355 个边长 11m 左右的三角形索网构成,各三角形顶点都由节点连接,每个节点通过下拉索与安装在地面上的卷索机构连接。该索网包括 4355 块三角形面板单元、2225 个主索节点及下拉索驱动装置和地锚,地锚的作用是固定下拉索及端部促动器。望远镜工作时通过促动器改变下拉索的行程而控制反射面节点的位置,从而使反射面变位到不同的观测抛物面。索网节点、下拉索及地锚的关系如图 4.15 所示。

图 4.15　FAST 台址索网节点、下拉索及地锚分布照片

　　地锚点是促动器工作的基础,整个反射面系统的索网节点、下拉索、促动器、地锚点的数目相同,均为 2225 个。望远镜球冠面球心的空间坐标为已知,且固定不动。球心、索网节点与促动器基础的中心点在同一条直线上,因此,本节内容需要在已知球心空间坐标与 2225 个索网节点空间坐标的情况下,解决促动器基础中心点坐标的精确求解问题。

　　传统的解决办法是通过解析几何的方法来求解。所谓解析几何是指用代数的方法研究几何图形,通过建立直角坐标系,把关于点的几何问题转化成关于这些点的代数问题来研究。在求解点的坐标时也经常用到,即通过代数求解的方式求解点的空间坐标。但对于FAST 工程而言,若采用传统的代数方法求解,则会受四舍五入等影响,造成求解结果的误差累计,影响最终的求解精度;且球冠索网节点一般较多,逐个求解也大大影响工作效率。本节立足于 BIM 技术,通过建立 BIM 模型,构建球心、反射面球冠及洼地地面的空间关系,精确求解三维空间球冠索网节点球心连线与洼地地面交点的坐标,以准确定位促动器基础的空间位置[40]。具体步骤如下。

（1）通过 AutoCAD Civil 3D 软件建立地面的三维数字地形曲面模型，如图 4.16 所示。

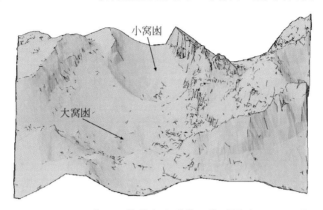

图 4.16　FAST 台址三维数字地形曲面模型图（1 ∶ 1000）

（2）输入球冠构筑物的球心的空间坐标及索网节点的三维空间坐标。

（3）利用三维数字模型解析促动器基础中的空间坐标，详细解析过程如图 4.17 所示。其中，球冠构筑物球心、索网节点与地面上促动器基础中心坐标在同一条直线上。在已知球冠构筑物球心的三维空间坐标、索网节点的三维空间坐标的情况下，通过 AutoCAD Civil 3D 软件建立地面的三维曲面模型。精确求解三维空间球冠索网节点与球冠构筑物球心连线和地面交点的坐标，保证球冠构筑物球心点坐标、索网节点坐标与促动器基础中心坐标在同一条直线上。

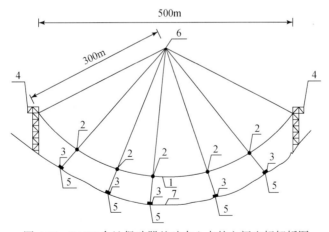

图 4.17　FAST 台址促动器基础中心点的空间坐标解析图

1.球冠构筑物；2.索网节点；3.促动器基础；4.支撑柱；5.促动器基础中心；6.球冠构筑物球心；7.地面的三维曲面模型

4.4　球冠形体岩土开挖剖面信息表达技术

开挖工程场地的工程信息往往具有多元性、复杂性的特点，尤其针对大型开挖工程场地的工程情况。一般情况下，岩土工程的剖面图信息包括工程的地质信息、开挖信息及支护信息等，且剖面信息为工程的局部典型剖面信息。但 FAST 台址开挖为大型球冠形体的岩土工程开挖，如采取一般的剖面信息，很难将工程剖面合集信息，如岩土信息、地质信息、测量信息、工程信息等完整表达，无法实现平面多要素多维度信息的表达，也不利于施工使用。球冠形体岩土开挖剖面信息表达技术采取一种能够多角度、全方位表达工程剖面合集信息的技术，实现平面表达多要素多维度信息，既方便了问题的研究，也有利于施工使用，确保开挖精度得到精确控制。

通过 AutoCAD Civil 3D 软件建立工程的 BIM，即建筑信息模型，模型包含馈源支撑塔、圈梁、主动反射面、排水系统、检修道路、拼装场地、安装工程临时施工场地等功能信息，工程地质及水文地质信息，地形测量信息，开挖过程信息，构筑物基础、排水工程、隧道工程、道路工程、支护工程等工程信息。建立的 BIM 模型如图 4.18 所示。

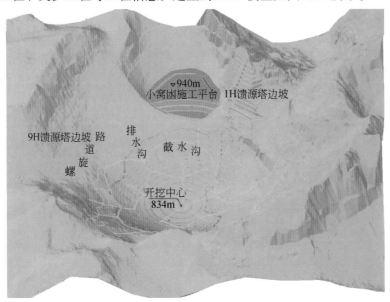

图 4.18　FAST 台址建筑信息模型（BIM）生成图

结合 FAST 台址，以开挖中心做 24 条时钟径向剖面线的交点，做一条过交点且方向为南北向的剖面线设为第一条剖面线，以第一条剖面线为基准线，圆心为交点逆时针旋转，每隔 7.5° 设置一条剖面线，共计 24 条剖面线即 24 条时钟径向剖面线，每条剖面线在能够完整表达工程所需的合集信息的基础上，其长度可进行调整[41]。24 条剖面线的分布如图 4.19 所示。

通过每个时钟径向剖面线对场地进行剖切，可以获得开挖场地的岩土信息、地质信息、测量信息、工程信息等合集信息。对获得的 24 条时钟径向剖面线，选取 3-3' 时钟径向剖面图，其与正北方向的夹角为 165°。3-3' 时钟径向剖面图的合集信息包括水沟、道路、圈梁支撑柱、球冠状构筑物、原地面线、开挖线、填方边坡、挖方边坡、5H 馈源塔边坡、馈源塔、较完整白云质灰岩、密实块石（岩堆）、较完整断层角砾岩、较完整含泥质灰岩、黏土、有机质黏土，如图 4.20 所示。

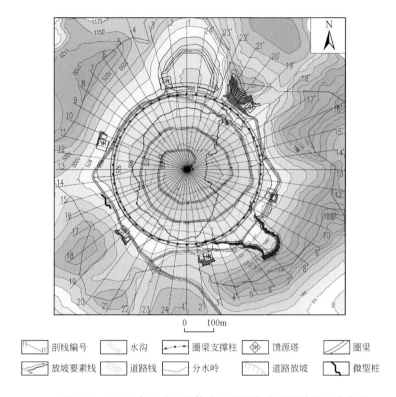

图 4.19　FAST 台址球冠形体岩土开挖半小时时钟切面分布图

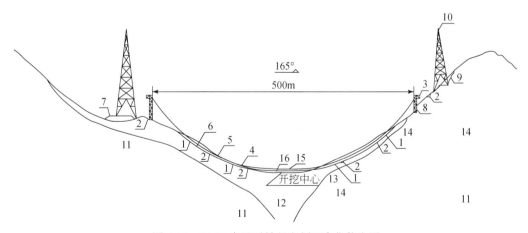

图 4.20　FAST 台址时钟径向剖面合集信息图

1. 水沟；2. 道路；3. 圈梁支撑柱；4. 球冠状构筑物；5. 原地面线；6. 开挖线；7. 填方边坡；8. 挖方边坡；9.5H 馈源塔边坡；10. 馈源塔；11. 较完整白云质灰岩；12. 密实块石（岩堆）；13. 较完整断层角砾岩；14. 较完整含泥质灰岩；15. 黏土；16. 有机质黏土

24 条时钟径向剖面线相交于交点，24 条时钟径向剖面线平面投影之间的角度相等，且长度根据能否完整表达工程所需的合集信息的情况进行调整，交点为工程开挖中心点，通过等角度分布的 24 条时钟径向剖面线获得开挖场地内 24 幅时钟径向剖面图，解决了现有一般剖面信息表达技术无法充分描述实际开挖场地工程剖面的各种合集信息，导致开挖场地的岩土信息、地质信息、测量信息、工程信息等相关信息的表达不清，无法保证开挖精度的要求时所面临的问题。

4.5　本章小节

　　本章通过综合考虑影响开挖中心选择的诸多因素，采用多目标多属性决策的基数型方法，在综合考虑反射面开挖工程量、边坡开挖及地灾治理成本、D2 单元清除系数、是否利于馈源塔塔基位置选择及是否有利于圈梁柱基位置选择等因素的情况下，以工程总造价为约束条件，通过建立开挖中心选择多属性决策的数学评价模型，获取了开挖中心选择时的最优目标区域。进一步，对目标区域选择加密点进行三维曲面拟合，建立了目标区域的二元函数，通过求取二元函数的极小值点，最终精确求解出最优开挖中心的空间坐标。在开挖中心定位的基础上，进一步通过 BIM 模拟及仿真，获得了以下研究成果：①实现 50 个支撑柱柱基及 6 个馈源塔塔基空间坐标的最优化输出；②精确求解了球心和索网节点连线与洼地地面交点的三维交点坐标；③首次应用时钟径向剖面技术，有效准确地将 BIM 信息模型中的岩土信息、地质信息、测量信息、工程信息等整合表达在 24 条剖面上，实现了平面表达多要素多维度信息。

　　以上研究方法成功应用于 FAST 工程，为台址的开挖建设提供了科学的依据和参数优选，使开挖系统建造从最初的 18453.38 万元投资成功优化到 8871.25 万元，节省了约 50% 的建造成本，取得了明显的经济效益和社会生态效益，为大型岩溶洼地高效安全的综合利用提供了新的理论依据。

第5章 溶塌巨石混合体稳定性分析及加固技术

5.1 概 述

溶塌巨石混合体是岩石山坡在各种物理、化学作用下失稳，产生滑塌、剥落，形成大小不一的岩石碎块、岩屑，在自然力的作用下搬运、堆积形成的松散堆积体，属于典型的不良地质。在 FAST 台址区，以及贵州其他喀斯特岩溶洼地内，残积土形成的溶塌巨石混合体非常常见，其工程地质条件非常复杂，若分析治理不当，会导致溶塌巨石混合体失稳破坏，将对工程设备的正常运行及工作人员的人身安全造成巨大威胁[42]。

FAST 台址巨石混合体中块石尺寸较大，其粒径甚至在 1m 以上，块石相互堆积、咬合，导致其力学性质和变形破坏特征与一般的土体和岩体有较大差异，殷跃平等[43]将此类地质体命名为"溶塌巨石混合体"，本章沿用这一概念。溶塌巨石混合体具有大块石堆积的结构特性，致使学术界对其力学特性存在争议。目前专门针对溶塌巨石混合体开展的研究较少，工程上通常将其作为常见的碎屑堆积体处理，一般采用经典的极限平衡法分析其力学特性[44, 45]，没有考虑块石的尺寸效应对变形及力学特性的影响。极限平衡法基于连续介质理论，假定滑裂面及刚体滑动，当颗粒粒径足够小时，可假设土体为连续介质，满足极限平衡法的基本假设，但是溶塌巨石混合体多为大块石，相对于 5 ~ 7m 的堆积厚度，已经无法将溶塌巨石混合体视为连续介质[46]。

综上，溶塌巨石混合体通常由若干岩石碎块堆积而成，其不符合连续介质的基本假定，经典的极限平衡法将不再适用，而相比于其他方法，离散元法不受变形量限制，可方便地处理非连续介质力学问题，涉及岩石力学性能、边坡稳定、桩土相互作用、岩石开挖、地质形成过程、黏土力学性质模拟分析等很多方面问题。

5.2 溶塌巨石混合体主动土压力研究

5.2.1 主动土压力研究现状

1776 年法国的库仑（C.A.Coulomb）根据墙后土楔处于极限平衡状态时的力系平衡条件，提出了一种土压力分析方法，称为库仑土压力理论（简称库仑理论），它能适用于各种填土面和不同的墙背条件，且方法简便，有足够的计算精度，至今仍被广泛采用（图5.1）。

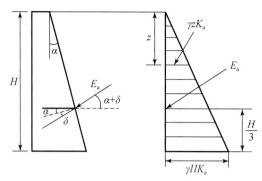

图 5.1　库仑主动土压力强度分布示意图

图 5.1 为库仑主动土压力强度分布示意图，左侧图为挡墙，墙高为 H，墙后为无黏性土，墙背与竖直墙面的夹角为 α，土对挡墙墙背的摩擦角为 δ。右侧图为主动土压力分布图，值得注意的是，这种分布形式只表示土压力大小，并不代表实际作用于墙背上的土压力方向，土体容重为 r，土压力合力 E_a 的作用方向仍在墙背法线上方，与法线呈一定角度，作用点高度为 H/3。当堆积体为无黏性材料时，$c=0$，墙背竖直（$\alpha=0$），使用库仑土压力理论计算填土作用在挡墙上的主动土压力系数：

$$K_a = \frac{\cos^2 \phi_{\text{fill}}}{\cos \delta \left[1 + \sqrt{\dfrac{\sin(\phi_{\text{fill}} + \delta)\sin(\phi_{\text{fill}} - \beta)}{\cos \delta \cos \beta}} \right]^2} \tag{5.1}$$

式中，K_a 为主动土压力系数；ϕ_{fill} 为填土内摩擦角；δ 为填土和挡墙墙背的接触面摩擦角；β 为填土表面倾角。

土压力作用点高度：

$$h = H/3 \tag{5.2}$$

每延米土压力合力大小：

$$E_a = \frac{1}{2} \gamma_{\text{fill}} H^2 K_a \tag{5.3}$$

式中，H 为挡墙高度；γ_{fill} 为填土容重。

但库仑理论建立在一定假设的前提下，存在以下局限性：

（1）库仑理论将填料视为连续介质，服从平面滑裂面假定，而当颗粒粒径较大时，再将其视为连续介质是不合理的，将不再满足库仑理论的假设。

（2）库仑理论假设主动土压力沿墙高呈三角形分布，合力作用点在距墙底 $\dfrac{1}{3}H$ 处，不能考虑实际工况中不同位移模式对土压力分布的影响。

国内外学者对刚性挡墙土压力进行了大量试验和理论研究，都证明了主动土压力为非线性分布模式，其分布与挡墙位移模式有关。Terzaghi[47] 通过模型试验指出，墙后土压力分布为非线性。Fang 和 Ishibashi[48] 以墙后回填料为砂土的刚性挡墙作为分析对象进行试验，其结果表明：

（1）刚性挡墙绕墙顶转动时，在土拱效应的作用下，土压力呈非线性分布，墙后土体的土压力合力比理论值偏高，作用点位置也比 $\frac{1}{3}$ 墙高要高。

（2）墙体平动时，土压力呈非线性分布，土压力合力比库仑理论值小，作用点位置比 $\frac{1}{3}$ 墙高偏高。

（3）绕墙底转动时，土压力呈非线性分布，土压力合力比库仑理论值稍大，作用点低于 $\frac{1}{3}$ 墙高。

然而，大多数理论或试验研究都以细砂等细颗粒材料为研究对象，基于连续介质理论进行分析研究。针对较大颗粒粒径的主动土压力如堆石体的主动土压力研究较少。

5.2.2　溶塌巨石混合体主动土压力的离散元法计算研究

本部分基于 FAST 工程，进行溶塌巨石混合体主动土压力的离散元计算研究，主要内容如下：

（1）对实际工程进行一定的简化，建立刚性挡墙主动土压力二维计算模型，并通过模拟细砂主动土压力与库仑土压力理论解的对比，证明模型可靠有效。

（2）计算不同刚性挡墙位移模式下的主动土压力，讨论刚性挡墙位移模式对主动土压力大小及分布的影响。

（3）提出相对粒径的概念，计算圆形颗粒不同相对粒径下的主动土压力，得到土压力大小随颗粒粒径尺寸变化的规律曲线，并统计得到主动土压力作用点修正公式。

1. 细颗粒数值计算模型及模型验证

FAST 工程中治理溶塌巨石混合体的刚性挡墙长度一般大于 3 倍的墙高，三维效应较弱，可将其看作平面应变问题。墙后填土宽度大于 1 倍墙高，可将其视为半无限空间体。以下将采用离散元程序 PFC^{2D} 对无黏性细颗粒在刚性挡墙平动位移模式下的主动土压力进行建模计算，并将计算结果与库仑理论及现有试验研究成果进行对比，验证模型的准确性与可靠性。

1）PFC^{2D} 数值计算模型

几何尺寸：刚性挡墙高度 2m，墙后填土宽 8m（大于 3 倍的墙高）。不考虑基岩坡度影响，假设基岩水平，如图 5.2 所示。

填土级配：定义相对粒径 ψ 为最大颗粒直径与墙高的比值，$\psi = d_{max}/H$。最大与最小颗粒直径之比为 2，即 $d_{max}/d_{min} = 2$。颗粒直径在最大与最小粒径间均匀分布。

颗粒形状及材料参数：考虑到实际砂颗粒虽然形状不规则，但 3 个维度的尺寸相差不多，采用圆形颗粒来模拟细砂。具体参数见表 5.1。

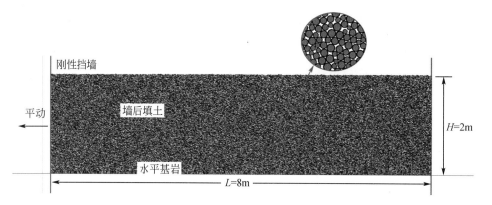

图 5.2　数值计算模型示意图

表 5.1　材料参数

材料	k_n/(N/m)	k_s/(N/m)	μ	ρ /(kg/m³)	n	ϕ^*/(°)
细颗粒	1×10^8	1×10^8	0.45	2640	0.155	25
基岩	1×10^8	1×10^8	0.45	/	/	/
挡墙	1×10^8	1×10^8	0.32	/	/	/

注：①按规范建议，挡墙与填土之间的摩擦角在无试验资料时，可取 $\delta=\left(\frac{1}{3}\sim\frac{2}{3}\right)\phi$，此处挡墙摩擦系数 $\mu=\tan\delta=0.32$；
②本节研究对象为无黏性土，因此 c 均为 0。
* 细颗粒内摩擦角是通过双轴数值试验得到的 100kPa 围压下的峰值摩擦角

图 5.3 为双轴试验示意图。

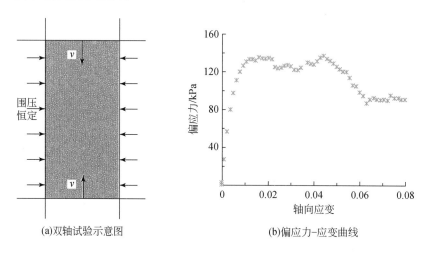

(a)双轴试验示意图　　　　　(b)偏应力-应变曲线

图 5.3　双轴试验示意图

　　主动土压力判断标准：通过计算，确定刚性挡墙平移速率为 10^{-3}m/s。认为当土压力随墙体位移增加而不再变化时，墙后土体达到主动极限平衡状态。达到此状态所需的墙体位移量很小，对密砂或中密砂来说其值只需(1 ~ 5‰)H。本章算例均取墙体位移量为 5‰H，即 10mm。

2）计算结果与库仑土压力理论对比

库仑主动土压力：由 5.2.1 节库仑主动土压力计算公式 [式 (5.3)] 求得，当填土倾角为 0°，填土内摩擦角为 25° 时，库仑主动土压力系数 K_a=0.36，作用点高度 h=0.33H，每延米垂直于墙的主动土压力合力分量 E_{ah}=15.7kN。

数值计算结果：PFC^{2D} 计算结果如图 5.4 所示，图 5.4（a）为主动极限平衡状态时的位移云图，虚线为库仑理论滑裂面，二者吻合较好。由图 5.4（b）、（c）可知，土压力在位移初始阶段迅速降低，当位移量达到 1‰H 时达到主动土压力，之后保持稳定；土压力作用点高度在初始阶段缓慢上升，当位移量达到 1‰H 后也基本保持稳定，这与实际情况也是相吻合的。

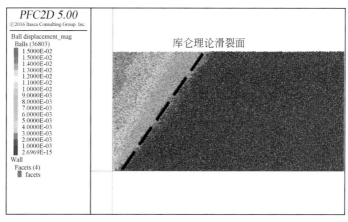

(a) ψ=1∶100时主动极限平衡状态位移云图

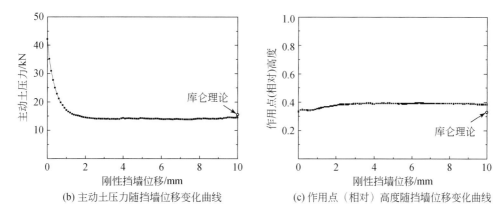

(b) 主动土压力随挡墙位移变化曲线   (c) 作用点（相对）高度随挡墙位移变化曲线

图 5.4   主动土压力大小与作用点

取不同 ψ 值，计算其主动土压力分布，结果见表 5.2。由结果可知：

（1）当相对粒径 ψ 从 1∶40 减小至 1∶100 时，平动位移模式下的主动土压力大小和作用点基本相同，说明当 ψ=1∶40 时，基本可用于模拟细颗粒的主动土压力。为提高计算效率，本章取 ψ=1∶40 来模拟细颗粒。

（2）平动位移模式下，细颗粒主动土压力与库仑土压力基本相同，而作用点稍高于库仑土压力作用点，这与 Fang 和 Ishibashi[50] 的试验结果是相符的。

表 5.2　平动位移模式主动土压力

ψ	1：40	1：50	1：75	1：100	库仑理论
作用点位置 h/H	0.39	0.39	0.38	0.39	0.33
主动土压力 /kN	15.0	15.3	15.2	14.4	15.7
主动土压力系 K_a	0.36	0.36	0.36	0.35	0.36

注：若无特殊说明，本章的主动土压力均指每延米垂直于墙的主动土压力分量 E_{ah}；主动土压力系数 $K_a=2E_a/(\gamma H^2)=E_{ah}/(\gamma H^2 \cos\delta)$

3）填土宽度对填土结果的影响

一般认为，当堆土宽度大于 3 倍挡墙高度时，可将其视为半无限土体。本节分别取堆土宽度 4m、6m 和 8m，讨论堆土宽度对模拟结果的影响，取 $\psi=1$：40（表 5.3）。

表 5.3　填土宽度对模拟结果的影响（$\psi=1$：40）

填土宽度 /m	4	6	8
作用点位置 h/H	0.39	0.39	0.39
主动土压力 /kN	15.5	15.6	15.0
主动土压力系数 K_a	0.36	0.36	0.36

由表 5.3 的计算结果可知：当填土宽度由 8m 减至 4m（2 倍墙高）时，数值计算结果（作用点位置、主动土压力大小）基本相同。为提高计算效率，取堆土宽度为 4m 进行之后的计算研究。

通过以上计算分析，认为 PFC^{2D} 模拟无黏性土的数值计算模型是可靠有效的，可进行下一步计算研究。

2. 挡墙位移模式对主动土压力的影响

实际工程中，刚性挡墙可能会有不同的位移模式。本节选取平动和绕墙角转动两种典型的位移模式，如图 5.5 所示，计算其主动土压力，探究挡墙位移模式对主动土压力的影响，取 $\psi=1$：40（图 5.6，表 5.4）。

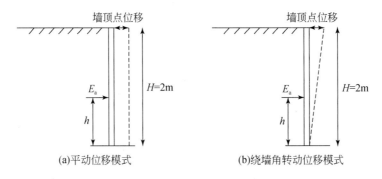

图 5.5　墙体位移模式

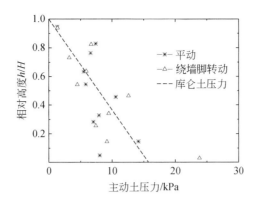

图 5.6 不同位移模式下主动土压力分布

表 5.4 位移模式对主动土压力的影响 ψ=1 ： 40

位移模式	作用点位置 h/H	主动土压力 /kN	主动土压力系数 K_a
平动	0.39	15.5	0.36
绕墙脚转动	0.33	16.5	0.40
库仑理论	0.33	15.7	0.36

由图 5.6 和表 5.4 可知：

（1）平动位移模式下的主动土压力稍小于库仑理论，作用点高于库仑理论；绕墙脚转动位移模式下的主动土压力大于库仑理论，而作用点高度与库仑理论基本相同。这与 Fang 和 Ishibaship[50] 的试验结果基本相同。

（2）相比于绕墙脚转动位移模式下的主动土压力和库仑土压力，平动位移模式下的主动土压力由于作用点位置较高，产生的倾覆弯矩大于前两者，是最不利的工况。所以，之后各部分计算研究均采用倾覆弯矩较大的平动位移模式。

3. 考虑粒径尺寸效应的主动土压力研究

1）不同相对粒径 ψ 的主动土压力计算

本部分将通过 PFC^{2D} 数值模拟计算，来讨论平动位移模式下，粗颗粒相对粒径 ψ 对主动土压力的影响。为了剔除颗粒形状的影响，保证填土材料的内摩擦角相同，本部分计算仍采用圆形颗粒。

由于颗粒粒径较大时，颗粒数量减少，数值计算模型的离散性增加，每个相对粒径计算 6 个随机试样，取 6 个试样的平均值进行比较。考虑到工程中当颗粒粒径过大时，刚性挡墙的治理方法不再适用，取最大相对粒径 $\psi=5$（$d_{max}=40$cm）。

图 5.7 分别为相对粒径 ψ 对主动土压力系数及主动土压力合力作用点高度的影响。由图可知：主动土压力系数随相对粒径 ψ 增大而稍有降低，总体变化不大；主动土压力作用点高度随相对粒径 ψ 增大而显著升高，由 $0.4H$ 左右增加至 $0.5H$ 以上，倾覆力矩显著增加，这对于挡墙抗倾覆设计是不利的。

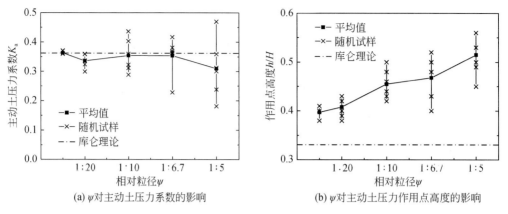

(a) ψ 对主动土压力系数的影响　　　(b) ψ 对主动土压力作用点高度的影响

图 5.7　相对粒径 ψ 对土压力的影响

2）主动土压力作用点修正公式

根据以上研究结果，填料颗粒粒径对作用在挡墙上的主动土压力作用方式有显著影响。随着相对粒径的增加，主动土压力系数稍有降低，而主动土压力作用点位置显著升高，为了考虑最不利情况，本篇中建议，忽略颗粒粒径对主动土压力大小的影响，仅考虑土压力作用点的提高：

$$h=\alpha H/3 \tag{5.4}$$

式中，α 为主动土压力作用点位置的修正系数，对细粒土 $\psi\approx0$，取 $\alpha=1$。在粒径较大时 $\alpha>1$，颗粒粒径越大、安全等级越高，设计时所取的 α 值越大。为得到 α 的变化规律，针对 5.2.1 节中 $\psi=0\sim0.2$ 情况做的离散元计算结果，统计了特定粒径下 $\alpha=h/(H/3)$ 的平均值 $\overline{\alpha}$、标准差 σ_α。由统计得出，平均值 $\overline{\alpha}$、标准差 σ_α 与 ψ 存在如下经验关系：

$$\overline{\alpha}=1+3.92\psi \quad (0\leqslant\psi\leqslant0.2) \tag{5.5}$$

$$\sigma_\alpha=1.05\psi \quad (0\leqslant\psi\leqslant0.2) \tag{5.6}$$

基于上述统计规律，建议 α 按式（5.7）和式（5.8）计算：

$$\alpha=\overline{\alpha}(1+0.5626\sigma_\alpha\beta)=\overline{\alpha}+0.5626\sigma_\alpha\beta \tag{5.7}$$

$$\alpha=1+(3.92+0.591\beta)\psi \quad (0\leqslant\psi\leqslant0.2) \tag{5.8}$$

式中，β 为可靠性指标，安全等级为一级取 3.7，二级取 3.2，三级取 2.7。

若现场情况较为复杂，宜进行专门计算，以确定土压力的大小和作用点位置。

5.2.3　小结

（1）相比于绕墙脚转动位移模式，平动位移模式的主动土压力分布产生的倾覆力矩较大，更危险。

（2）随着相对粒径的增加，主动土压力系数稍有降低，而主动土压力作用点位置显著升高，倾覆力矩增加。

（3）针对溶塌巨石混合体的粒径尺寸效应，通过离散元数值试验得到主动土压力作用点修正公式。

5.3　溶塌巨石混合体整体补强加固结构

5.3.1　工程概况

FAST 台址某处溶塌巨石混合体（D2 单元），因抗滑桩成本高，在加固溶塌巨石混合体时，使用了挡墙以降低成本，而通常需要使用锚杆等为挡墙提供水平支撑。若使用传统的锚杆加固挡墙，将加固锚杆沿水平方向或斜向插入溶塌巨石混合体，往往面临成孔困难、注浆过程中易漏浆，以及溶塌巨石混合体无法提供足够的锚固强度等问题。为规避传统锚杆的这一缺陷，提出了一种新的挡墙形式——溶塌巨石混合体整体补强加固结构（图5.8），锚杆在原地基土中成孔，利用锚杆的抗拔和抗剪特性增加体系抗倾覆和抗滑移的能力，这一结构中，锚杆无预应力。锚杆的一端在稳定基岩 B1 中，一端在挡墙中，与混凝土黏结[49]。

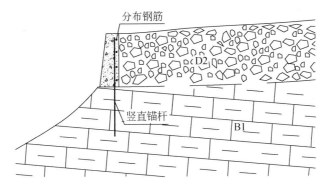

图 5.8　溶塌巨石混合体整体补强加固结构示意图

分析表明，这一结构可以较明显地提高抗倾覆稳定性，在倾覆的变形模式下锚杆拉力增加，甚至最终拉力会达到抗拔承载力；而在水平滑移的变形模式下，虽然锚杆内力会有变化，挡墙滑移过程中竖直锚杆的拉力并不会显著增加，但锚杆本身的抗剪能力提高了抗滑力，对于主要是水平滑移的情况进行抗滑稳定性分析时主要考虑锚杆抗剪的特性。因此不施加预应力的溶塌巨石混合体整体补强加固结构可以提升抗倾覆稳定性，但在抗滑稳定性方面还有不足。而实际上，有些挡墙是由抗滑稳定性控制的。为充分发挥锚杆作用，建议在荷载较大时将无预应力的锚杆改成有预应力的锚杆，在施工过程中张拉预应力，以此增加锚杆拉力、提高抗滑稳定性。在荷载较小时，无需加预应力，在荷载较大时，应当加预应力。

本节推导了不加预应力和加预应力的情况下，挡墙的抗滑稳定性和抗倾覆稳定性的计算公式。所推导的计算公式可用于指导工程设计。

5.3.2　挡墙稳定性计算

溶塌巨石混合体整体补强加固结构计算简图如图 5.9 所示。

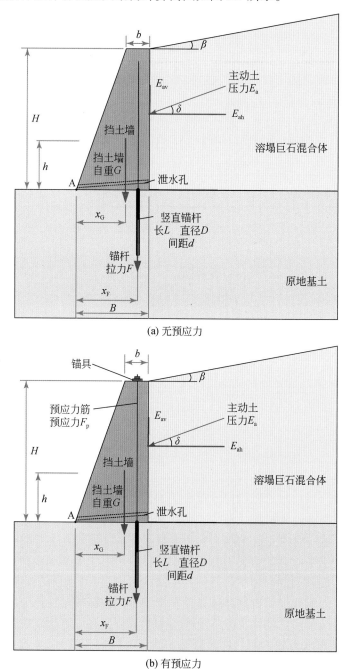

(a) 无预应力

(b) 有预应力

图 5.9　溶塌巨石混合体整体补强加固结构计算简图

1）挡墙自重

假设挡墙为梯形截面，墙背竖直，有摩擦。挡墙自重及其对墙脚 A 点的力矩为

$$G = \frac{1}{2}\gamma_{wall}(B+b)H \tag{5.9}$$

$$G \cdot x_G = \left[\frac{1}{3}(B-b)^2 + b(B-\frac{b}{2})\right]H\gamma_{wall} \tag{5.10}$$

式中，G 为挡墙自重；γ_{wall} 为挡墙容重；B 为挡墙下底宽度；b 为挡墙上底宽度；H 为墙高；x_G 为墙脚 A 点到挡墙重力作用线的距离。

2）锚杆抗拔承载力

竖直锚杆的抗拔问题与桩的抗拔问题类似。由于使用溶塌巨石混合体整体补强加固结构是一种新的结构形式，在设计和使用中，应进行锚杆基本试验，以确定设计施工条件下地层与锚固体黏结强度标准值 q_{sk}。平均每单位长度挡墙上锚杆抗拔承载力标准值为

$$F_{uk} = \lambda_p q_{sk}\frac{\pi DL}{d} \tag{5.11}$$

式中，F_{uk} 为平均每单位长度挡墙上锚杆提供的抗拔力承载力标准值；λ_p 为地层的抗拔折减系数，对砂土可取 0.5 ~ 0.7，对黏性土、粉土可取 0.7 ~ 0.8；

q_{sk} 为地层与锚固体黏结强度标准值，试验资料不足时，可按照《建筑桩基技术规范》（JGJ 94—2008）中的表 5.3.5-1 取值、进行初步设计，并在施工时通过试验检验；L 为锚杆伸入土中的长度；D 为锚杆锚固直径；d 为锚杆间距。

3）锚杆抗剪承载力

对于水平滑动的变形模式，在抗力中考虑锚杆的抗剪能力。单个锚杆抗减承载力标准值 R_{hk} 应由水平静载试验确定，或按照桩的水平承载力计算的相关规定进行估算。每单位长度挡墙上锚杆的抗剪承载力标准值为

$$T_{hk} = \frac{R_{hk}}{d} \tag{5.12}$$

4）锚杆预应力

在有预应力的结构中，需对锚杆予以张拉而施加预应力，所张拉的预应力不宜超过锚杆的抗拔力。令单位长度挡墙上锚杆预应力为

$$F_p = 0.75F_{uk} \tag{5.13}$$

5）主动土压力

若挡墙后的堆积体为无黏性的细颗粒堆积物，可以使用库仑土压力理论计算堆积体作用在挡墙上的土压力：

$$K_a = \frac{\cos^2\phi_{fill}}{\cos\delta\left[1+\sqrt{\dfrac{\sin(\phi_{fill}+\delta)\sin(\phi_{fill}-\beta)}{\cos\delta\cos\beta}}\right]^2} \tag{5.14}$$

式中，K_a 为主动土压力系数；ϕ_{fill} 为填土内摩擦角；δ 为填土和挡墙背的接触面摩擦角；β

为填土表面倾角。

土压力作用点高度：

$$h=H/3 \tag{5.15}$$

单位长度挡墙上土压力合力大小：

$$E_\text{a}=\frac{1}{2}\gamma_\text{fill}H^2K_\text{a} \tag{5.16}$$

若挡墙后的堆积体为无黏性的溶塌巨石混合体，可以按照式 (5.4) 对土压力作用点高度进行修正。

6）抗滑稳定性

按照《建筑边坡工程技术规范》（GB50330—2013）3.3.2 条规定，计算边坡与支护结构的稳定性时，应采用荷载效应基本组合，但其分项系数均为 1.0。因此，在稳定性计算中，作用力和抗力的数值均使用其标准值，分项系数取为 1.0。

抗滑稳定性计算公式为

$$F_\text{s}=\frac{(G+E_\text{av})\mu+T_\text{hk}}{E_\text{ah}}\geqslant 1.3（无预应力） \tag{5.17}$$

$$F_\text{s}=\frac{[G+E_\text{av}+(1-\eta)F_\text{p}]\mu+T_\text{hk}}{E_\text{ah}}\geqslant 1.3（有预应力） \tag{5.18}$$

$$E_\text{av}=E_\text{a}\sin\delta$$
$$E_\text{ah}=E_\text{a}\cos\delta$$

式中，F_s 为抗滑稳定系数；G 为单位长度挡墙的重力；T_hk 为单位长度挡墙上锚杆的抗剪承载力标准值；E_av、E_ah 分别为单位长度上主动土压力合力 E_a 的竖向和水平分量；μ 为挡墙底与地基岩土体的摩擦系数；η 为预应力损失率（3% ~ 10%）。

7）抗倾覆稳定性

抗倾覆稳定性按式（5.19）计算：

$$F_\text{t}=\frac{Gx_\text{G}+F_\text{uk}x_\text{F}+E_\text{av}B}{E_\text{ah}h}\geqslant 1.6 \tag{5.19}$$

式中，F_t 为抗滑稳定系数；G 为单位长度挡墙重力；F_uk 为单位长度挡墙上锚杆的抗拔承载力标准值；E_av、E_ah 分别为单位长度上主动土压力合力 E_a 的竖向和水平分量；x_G、x_F、B、h 分别为 A 点到对应的力的作用线的距离。

5.3.3　溶塌巨石混合体整体补强加固结构

FAST 台址区某处溶塌巨石混合体整体补强加固结构，截面为直角梯形，高 H=3.0m，底部宽度 B=1.2m，顶部宽度 b=0.6m，安全性等级为二级。现场溶塌巨石混合体块石最大粒径 0.5m，最小粒径 0.1m；原地基为风化石灰石基岩，每个锚杆使用一根直径 32mm 的螺纹钢筋锚固段直径 D=0.1m，锚固深度 L=2m，初步设计中锚杆间距为 3m、无预应力。

材料特性如下：溶塌巨石混合体，φ_fill=35°，γ_fill=20kPa/m³，β=0°；挡墙材料，γ_wall

=25kPa/m³；墙-溶塌巨石混合体界面，δ=10.9°；墙底-基岩界面，μ=0.25；锚杆安放位置，x_F=0.8m；原地基基岩与锚杆接触面，q_{sk}=100kPa，λ_p=0.7；单根锚杆抗剪承载力标准值，R_{hk}=50kN，现对锚杆间距进行计算。

计算简图如图5.9（a）所示。在此条件下，按库仑理论和主动土压力作用点修正公式[式(5.4)]算得溶塌巨石混合体土压力，E_a=22.3kN/m，ψ=0.1667，β=3.2，α=1+ (3.92+0.591β)ψ=1.97，土压力作用点高度 h=1.97m。此外，还使用离散元程序对本工程中的土压力进行专门分析计算，离散元程序给出的土压力作用点高度为1.83m，以此可知本书建议的计算公式结果合理。

若不使用锚杆加固，抗滑稳定系数 F_s=0.809，抗倾覆稳定系数 F_t=1.284，均不满足设计要求。按照初步设计，使用间距3m的锚杆进行加固，在不加预应力的情况下，挡墙抗滑稳定系数 F_s=1.556>1.3，抗倾覆稳定系数 F_t=1.582<1.6，不满足要求，需对方案进行调整。

将锚杆间距减小为2.5m，则抗倾覆稳定系数增加为 F_t=1.650>1.6，满足要求。

5.3.4 小结

本节重点分析了溶塌巨石混合体整体补强加固结构，总结如下：

（1）设计了一种溶塌巨石混合体整体补强加固结构，并提出了给竖直锚杆张拉预应力、提高抗滑稳定性的方法。

（2）给出了不张拉预应力和张拉预应力两种情况下，挡墙抗滑稳定性、抗倾覆稳定性的计算公式。

（3）利用挡墙抗滑稳定性、抗倾覆稳定性计算公式和主动土压力作用点修正公式，对溶塌巨石混合体整体补强加固结构进行设计，通过后期稳定性监测表明该加固结构加固效果良好。

5.4 溶塌巨石混合体微型组合桩群支挡结构

溶塌巨石混合体 WY17 含有大量 D2 单元覆盖于陡坡上，其并未出现崩塌现象，整体稳定性较好，但是溶塌巨石混合体前缘部分受风化等影响可能会出现局部崩塌滑落，进而影响后缘部分溶塌巨石混合体的稳定性。为评估 WY17 的稳定性，这里采用数值分析程序 UDEC 分析其稳定性，再通过有限元法分析治理后的效果。

5.4.1 工程概况

溶塌巨石混合体 WY17 位于 FAST 台址斜坡中上部，覆盖于倾角较大的基岩上，通过稳定性评价该处溶塌巨石混合体基本稳定，仅前缘有失稳可能，采用微型组合桩群[50, 51]，将其布置于溶塌巨石混合体下部边缘，防止局部溶塌巨石混合体滑塌，进而避免大规模溶塌巨石混合体的破坏[52]。

5.4.2 建模计算

1. UDEC 数值分析

WY17 剖面如图 5.10（a）所示，水平距离约 30m，厚度 5 ~ 7m，粒径 0.2 ~ 2m。利用数值分析软件 UDEC 建立 WY17 数值模型如图 5.10（b）所示，下部 A1 单元为基岩，强度高且结构较完整，模型建立时未考虑其变形并将其视为固定边界。基岩上部溶塌巨石混合体 $\gamma=24\text{kN/m}^3$，将其视为刚体单元，即单元不会发生变形和破坏。采用 UDEC 中内置的 crack 单元将刚体单元分割为粒径 2m 左右的三角形和四边形单元，采用莫尔库仑准则，裂缝法向及切向刚度均为 $1\times10^8\text{N/m}$，内摩擦角为 26°，无内聚力，crack 可用于模拟岩石裂缝等不连续介质承受动载或静载作用下的响应，允许块体沿不连续面发生较大位移和转动。

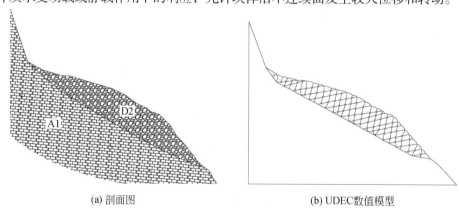

(a) 剖面图   (b) UDEC数值模型

图 5.10 FAST 台址 WY17 溶塌巨石混合体 UDEC 模拟概化图

计算至 30000 步，其变形如图 5.11 所示，可知 WY17 溶塌巨石混合体整体未出现大规模破坏，但前缘部位的溶塌巨石混合体产生了一些裂缝并出现了 1m 的滑动位移，可以确定该溶塌巨石混合体整体稳定性良好，但前缘可能出现局部破坏。

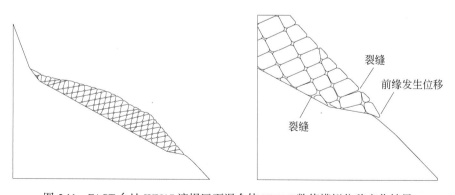

图 5.11 FAST 台址 WY17 溶塌巨石混合体 UDEC 数值模拟位移变化结果

2. 有限元模型

利用 Plaxis²ᴰ 建立有限元模型，如图 5.12（a）所示，模型材料参数见表 5.5。

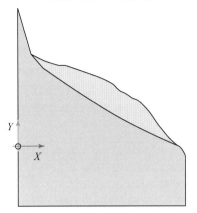 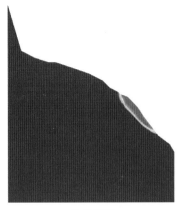

(a) 有限元模型　　　　　　　　　　　　　　　(b) 滑裂面

图 5.12　FAST 台址 WY17 溶塌巨石混合体有限元模拟概化

表 5.5　模型材料参数

岩土类型	强度准则	γ/（kN/m³）	c/kPa	φ/（°）	E/GPa	E_{50}/MPa
D2	土体硬化（HS）	24	10	33	—	30
A1	莫尔库仑（MC）	27	1410	34.5	40	—

采用有限元强度折减法计算安全系数，计算结果为 FOS=1.20，计算所得滑裂面如图 5.12（b）所示。

有限元计算结果显示，WY17 溶塌巨石混合体的安全系数较低，破坏时滑裂面发生在前缘表面，与 UDEC 分析结果基本一致，因此对溶塌巨石混合体前缘采用微型组合桩群支挡结构进行加固，如图 5.13 所示，将其布置于溶塌巨石混合体下部前缘，防止局部溶塌巨石混合体滑塌，进而可以避免大规模溶塌巨石混合体的破坏。

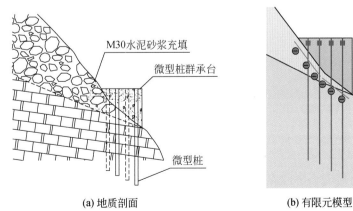

(a) 地质剖面　　　　　　　　　　　　　　　(b) 有限元模型

图 5.13　FAST 台址 WY17 微型组合桩群支挡结构有限元模拟概化图

将微型组合桩群支挡结构下部和背部的溶塌巨石混合体使用 M30 水泥砂浆灌缝加固，强度较高，分析时不考虑水泥砂浆灌缝对溶塌巨石混合体强度的增加。微型组合桩群支挡结构中的微型桩直径 130mm，桩身为 C30 水泥砂浆，入岩长度 6m，分布如图 5.14 所示。前后共使用 4 排微型桩，桩间距 1m。桩体的正截面抗压承载力设计值为 580kN，抗拉承载力设计值为 410kN，正截面受弯承载力设计值为 18.2kN·m。模型中用 Plaxis Embedded beam row 单元模拟微桩，该单元为弹塑性的梁单元，可以考虑桩既受弯又受压 / 受拉的情况下的强度特性；桩与基岩界面黏结强度标准值为 150kPa。微型组合桩群支挡结构上部承台部分用弹性材料模拟，γ=27kN/m³，E=28GPa，与溶塌巨石混合体接触面上设置有界面单元，强度为溶塌巨石混合体的 1/2。

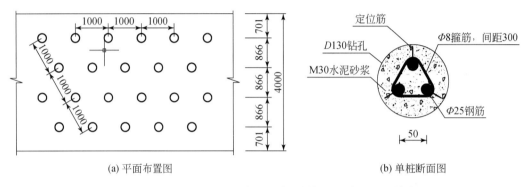

(a) 平面布置图   (b) 单桩断面图

图 5.14 FAST 台址 WY17 微型组合桩群支挡结构平面布置图（单位：mm）

计算中采用强度折减法计算支护体系的安全系数，静力计算得到的位移场如图 5.15 所示，可以看出由于 WY17 溶塌巨石混合体整体稳定，微型组合桩群支挡结构的位移很小，最大水平位移 0.365mm，最大竖向位移 –0.369mm。

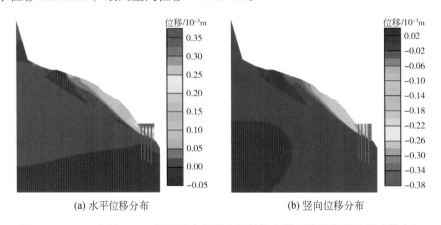

(a) 水平位移分布   (b) 竖向位移分布

图 5.15 FAST 台址 WY17 微型组合桩群支挡结构有限元模拟位移云图（静力）

因微型组合桩群支挡结构的强度不确定性较小，强度折减法计算中，只折减基岩强度和溶塌巨石混合体强度，以及桩 - 岩界面强度，算得支护体系整体的安全系数为 1.483，滑裂面由溶塌巨石混合体前缘转移到微型组合桩群支挡结构背后（图 5.16）。

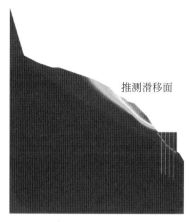

推测滑移面

图 5.16　FAST 台址 WY17 微型组合桩群支挡结构加固后有限元模拟结果（强度折减）

5.4.3　小结

本节以微型组合桩群支挡结构加固溶塌巨石混合体为例，同时利用 UDEC 和有限元法对 WY17 溶塌巨石混合体的稳定性进行分析，两种分析方法得到了一致的计算结果。进而利用有限元计算了微型组合桩群支挡结构加固后的 WY17 溶塌巨石混合体的整体安全系数，计算结果表明安全系数得到了显著提高。

5.5　本 章 小 结

相比于以连续介质力学为基础的有限元法，离散元法不受变形量限制，可方便地处理非连续介质力学问题，有效模拟溶塌巨石混合体中块碎石转动、滑移等非连续现象。本章通过离散元法针对台址区的溶塌巨石混合体进行了深入研究，得到结论如下。

（1）分析了圆形颗粒不同相对粒径下的主动土压力，得到土压力大小随颗粒粒径尺寸变化的规律曲线，并提出主动土压力作用点修正公式，计算结果可靠，更接近工程实际，修正了库仑主动土压力计算理论未考虑粒径尺寸效应的不足。

（2）针对传统锚杆加固挡墙的不足，提出了"溶塌巨石混合体整体补强加固结构"，并推导了其抗滑稳定性和抗倾覆稳定性的计算公式用于指导工程设计。

（3）针对 FAST 工程中存在局部失稳可能的溶塌巨石混合体，提出了"微型组合桩群支挡结构"，同时采用 UDEC 和有限元法对溶塌巨石混合体进行稳定性分析，然后对加固后的溶塌巨石混合体进行整体安全系数计算，计算结果表明安全系数由加固前的 1.20 提升到加固后的 1.483，加固效果明显。

目前国内尚无分析溶塌巨石混合体受力特性的指导规范，本次对 FAST 台址区内的溶塌巨石混合体进行了针对性的分析，并成功治理了台址区内的多处溶塌巨石混合体，对类似工程具有一定的指导意义。

第6章 下拉索拉应力作用下的大型球冠形边坡稳定性评价

6.1 概　　述

FAST 台址开挖完成后，在圈梁以下形成了一个较为理想的"球冠形"超大规模边坡，开挖后的球冠形边坡表层岩体以 D1 单元为主，岩土力学性能较高，有利于边坡的整体稳定性。

在山区工程建设及滑坡灾害预测分析中，会遇到各种形状的边坡，如考察边坡在水平面内的形状，可将其分为凸形、凹形和直线形，边坡的空间形状对其稳定性无疑会有影响[53-55]。球冠形边坡作为一种理想的凹坡，若采用一般计算中常用的平面应变假定建立模型分析，这显然不合理；同时球冠形边坡坡体上埋设有促动器基础，促动器工作时下拉索对边坡会产生一定的拉应力，应充分考虑拉应力对边坡稳定性的影响。

工程上对边坡安全性的评价，一般采用极限平衡法，如 Bishop 法、Janbu 法、Spencer 法等。但极限平衡法存在很大局限性，对于复杂的几何模型，较难处理，而强度折减法在处理这种问题时[56, 57]，表现出明显的优势，本章将采用强度折减法建立三维球冠形边坡的数值模型，考虑边坡受拉状态，对球冠形边坡的稳定性进行评价。

6.2 外形对边坡稳定性的影响

6.2.1 研究方法

在分析自然边坡时，一般将边坡形状适当简化成无限长边坡。表面水平的自然边坡按其水平曲率可以分为三类边坡：水平凸坡、水平凹坡和长直边坡。其中水平凹坡的研究已有较明确的结论，Hoek 和 Bray[58]认为，水平凹坡由于存在拱效应，稳定性高于长直边坡；水平曲率半径小于坡高时，水平凹坡坡角可大致提高 10°；当水平曲率半径大于 2 倍坡高时，其稳定性与长直边坡相差不大。

水平凸坡的稳定性与曲率的关系却较为复杂，不同的研究者因假设条件不同，给出了不同的结论。

赵衡和宋二祥[59]曾对水平凸坡的稳定性进行了研究，主要结论如下：

（1）对比了"一般三维模式"（即凸坡局部滑动）和"轴对称模式"（即假设边坡是均质的圆形凸坡，边坡处处滑动）的安全系数，发现轴对称模型给出的安全系数更小。

（2）给出了 $\varphi=0°$ 情况下，圆形凸坡坡高的上限解，利用上限解和数值方法分别计算了不同情况下的安全系数，二者基本一致。

（3）坡度较小时圆形凸坡稳定性大于长直边坡，坡度较大时凸坡稳定性小于长直边坡，分界坡度为 70° ~ 80° 。

为了分析边坡形状对安全系数的影响，对 FAST 现场边坡进行了适当简化，通过 Plaxis 建立模型，采用强度折减法计算了不同边坡倾角、不同曲率的边坡的安全系数。模型参数和模型尺寸见表 6.1 和图 6.1。

表 6.1　FAST台址岩体强度参数

材料	容重 γ/（kN/m³）	内聚力 c/kPa	内摩擦角 φ/（°）
风化岩	27	400	30

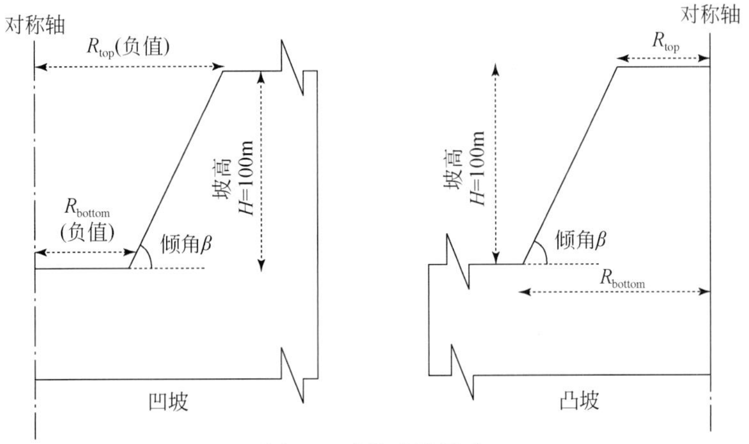

图 6.1　岩体边坡尺寸

如图 6.1 所示，坡高 $H=100m$，边坡倾角 β，边坡坡脚、边坡顶角到对称轴的距离分别为 R_{bottom} 和 R_{top}。规定凸坡的曲率半径为正，凹坡的曲率半径为负。

计算中分别取 $\beta=60°$ ，70°，80°，85°，取 $R_{bottom}/H=-0.5$，-0.75，-1，-2，-10，0.5，0.75，1，2，10。可知，当 R 趋近于正无穷或负无穷时，边坡都近似为长直边坡，以下分析中把 H/R 作为反映曲率的指标，H/R 趋近于 0 时为长直边坡，$H/R>0$ 时为凸坡，$H/R<0$ 时为凹坡。

6.2.2　研究结果

主要计算结果如图 6.2 所示。从图中可以看出，曲率对凹坡的安全系数影响显著。不同的倾角下，安全系数随 H/R_{bottom} 的变化趋势基本一致。

与 Hoek 和 Bray[58] 的结论"当水平曲率半径大于 2 倍坡高时，其稳定性与长直边坡相差不大"不同的是，本算例中，$|R_{bottom}| \geqslant 2H$（即 $H/R_{bottom} \in [-0.5,0]$ 时），曲率半径的影响仍然很明显。此外，水平曲率半径 R_{bottom} 小于坡高时，水平凹坡坡角可大致提高 15° 。

由图 6.2 可知，坡度较小时圆形凸坡稳定性大于长直边坡，坡度较大时凸坡稳定性小于长直边坡，分界坡度约为 80°（β=80° 时，FOS 基本不随凸坡的 H/R 变化；β=85° 时，FOS 随 H/R 的增加略微下降）。

部分情况下的滑裂面如图 6.3 所示。

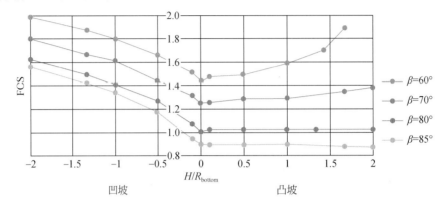

图 6.2　不同外形边坡的安全系数

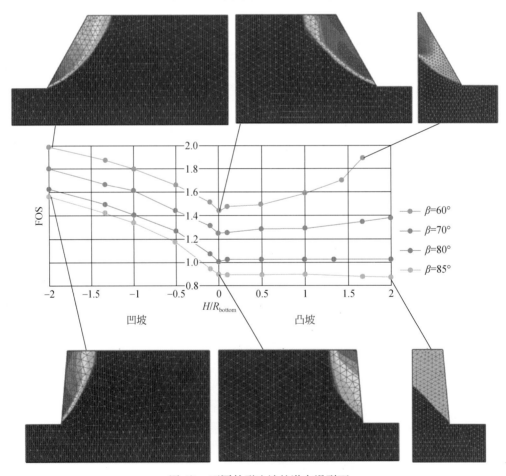

图 6.3　不同外形边坡的潜在滑裂面

6.3　下拉索拉应力对球冠形边坡稳定性影响研究

6.3.1　下拉索拉应力对边坡稳定性影响

开挖完成后的 FAST 台址圈梁以下边坡外形如图 6.4 所示，其外形呈现出较为理想的球冠形凹坡，根据 6.2 节分析结论，本节将按照第 4 章中的实测剖面，建立局部球冠形边坡加以分析。

图 6.4　FAST 台址球冠形边坡开挖后现场照片（2012 年 12 月）

根据闫金凯等[60]对 FAST 台址溶塌巨石混合体边坡开挖的稳定性分析结果，D2 单元（溶塌巨石混合体）是边坡可能发生表层滑动的主要因素，因此在开挖过程中充分考虑了 D2 单元的清除量，所以开挖完成后球冠形边坡坡面 D2 单元已经基本清除，坡面主要构成单元以 D1 单元为主，一般厚度在 30m 左右，实测剖面如图 4.1 所示。其中 A1 和 C1 单元为基岩部分，岩体坚硬程度良好；D1 单元为密实块石，崩塌堆积形成，块体成分为白云质灰岩及少量含泥灰岩，块径大小悬殊，大的达 3.0m×4.0m×5.0m 以上，小的只有 1cm×2cm×3cm 左右，大小混杂，块石含量一般在 80% ~ 90%，块体间为黏土、碎石、角砾的混合体充填。利用 FLAC^{3D} 建立图 4.1 中左半侧球冠形边坡的数值模型，模型范围为宽 300m、高 140m，其中边坡高 110m，坡面为近似圆弧形状。材料参数见表 6.2。

表 6.2　FAST 台址球冠形边坡强度参数

材料	材料模型	$\gamma/$（kN/m³）	C/kPa	$\varphi/$（°）	E/MPa
密实堆积体 D1	莫尔库仑	25	100	33.5	100
白云质灰岩 A1	莫尔库仑	26	1410	34.5	40.5×10^6

　　球冠形边坡坡面分布着 2225 个下拉索促动器，由锚杆基础固定。非岩石地基上独立基础尺寸为 1.2m × 1.2m × 0.45m（长 × 宽 × 高），基础设置 4 根锚杆；岩石地基上独立基础尺寸为 1.0m × 1.0m × 0.45m（长 × 宽 × 高），基础设置 3 根锚杆，锚杆锚固深度为 3 ~ 5.4m，地锚最大拉应力设计值为 100kN。

　　地锚拉应力分布如图 6.5 所示，边坡建模部分共计 138 根地锚。地锚采用 FLAC^{3D} 中的锚杆单元，弹性模量为 200GPa，锚固体直径为 100mm，锚杆长度 5m，单位长度水泥浆黏聚力为 5.0×10^{5}N/m，单位长度水泥浆刚度为 2.0×10^{10}N/m^{2}，抗拉强度为 310kN，地锚端部施加 100kN 的轴向拉应力集中荷载。

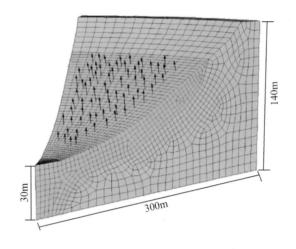

图 6.5　FAST 台址球冠形边坡数值模型

　　采用强度折减法计算图 6.5 中的有限元模型，分别考虑边坡受拉应力和未受拉应力两种工况，计算得到两种工况下的安全系数均为 F_s=2.61，整体稳定性非常好。潜在滑裂面如图 6.6 和图 6.7 所示，两种工况下滑裂面基本一致，表明下拉索工作并不会对边坡稳定性产生明显影响。

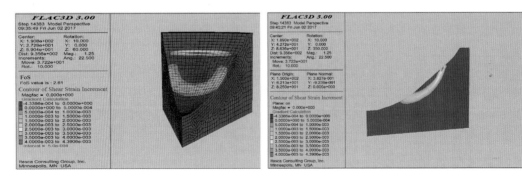

图 6.6　FAST 台址球冠形边坡考虑拉应力时的潜在滑裂面模拟图

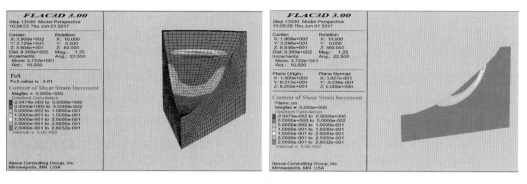

图 6.7　FAST 台址球冠形边坡未考虑拉应力时的潜在滑裂面模拟图

6.3.2　下拉索拉应力对边坡位移场与应力场的影响

球冠形边坡施加拉应力后的应变云图如图 6.8 所示，在清除重力作用下的位移场后，可以看到拉应力在坡面上形成一个个直径约为 6m 的圆形区域，剖面图显示拉应力在坡体内部的影响深度很深；拉应力作用下球冠形边坡产生的最大变形仅有 0.19mm，对边坡整体变形影响非常小。

球冠形边坡施加拉应力后的竖直方向应力云图如图 6.9 所示。

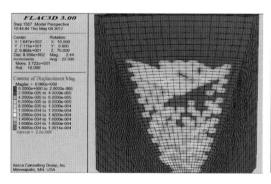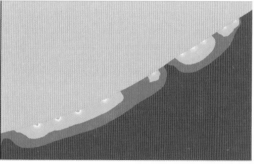

图 6.8　FAST 台址球冠形边坡拉应力作用下的应变云图

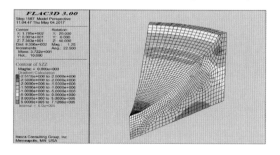

图 6.9　FAST 台址球冠形边坡拉应力作用下的竖直方向应力云图

图 6.9 中未看到拉应力对边坡竖直方向应力场的影响，这是由于竖直方向上的应力场由重力控制，拉应力形成的应力场被重力场完全掩盖，表明下拉索拉应力与边坡自重不在

一个数量级上，拉应力对球冠形边坡稳定性没有明显影响。

6.4　本 章 小 结

（1）建立了多种不同外形边坡的有限元模型并进行稳定性分析，结果表明：圆形凹坡稳定性大于长直边坡；坡度较小时圆形凸坡稳定性大于长直边坡，坡度较大时凸坡稳定性略小于长直边坡，分界坡度约为 80°。

（2）拉应力作用下的球冠形边坡与未受拉应力时，安全系数相同，滑裂面基本一致，边坡稳定性不受拉应力作用的影响。

（3）拉应力对球冠形边坡产生的应变场最大值为 0.19mm，而应力场则受重力场影响没有明显变化。

（4）由于降水、风化等外界因素，对球冠形边坡的局部防护仍需要加强监视，以保证其长期安全性。

球冠形边坡在拉应力作用下的稳定性评价在国内相关文献报道较少，通过 FLAC^{3D} 建立三维数值模型，基于强度折减法在考虑边坡外形的前提条件下，同时考虑坡面受拉状态对边坡稳定性进行了评价，为 FAST 反射面下拉索工作的安全性评价提供了科学依据。

第7章　岩溶洼地生态及防排水综合治理技术

7.1　概　　述

洼地是岩溶地貌的一个重要特征，岩溶洼地是溶蚀作用和地表水流侵蚀作用的结果，处于地下河的补给区，在地貌上通常为一个封闭或半封闭的负地形。岩溶生态则是指受岩溶环境制约的生态系统，包括可溶性岩石、土壤和双层结构的特殊水文系统，以及岩溶植被和地下生物群落。岩溶生态系统对外界干扰是敏感的，就岩溶环境系统的土壤、水、植被而言，它是一种脆弱的生态环境。岩溶洼地由于地形上的特殊性，与外界环境的交流较少，其更是一种极其脆弱的岩溶生态环境，一旦破坏难以得到恢复。不合理的开发活动会使该地区水土流失严重，洼地内旱涝灾害频发，从而阻碍了岩溶山区区域经济的正常发展。

考虑到岩溶地区脆弱的生态环境，在 FAST 工程建设时采用多目标方法下的开挖中心优化技术极大地减少工程开挖量，降低了对洼地内表层土壤和植被的破坏。为了进一步减小工程开挖对台址区生态环境及水资源的破坏，以及保护 FAST 台址区底部大量仪器设备不因降水淹没而造成损坏等问题，本章通过 FAST 台址所在区域的水文地质、地形地貌、生态环境的系统研究，选择适合的水文模型精细计算每个小流域洪峰流量，再结合岩溶地区生态保护及排水设计的原则，提出了一种防排水系统。该系统是在洼地内建立截排水沟拦截与汇集台址区内降水，并通过底部排水隧道将积水排出场地。该系统能够减缓降水对台址区洼地表层土壤的冲刷，降低岩溶洼地内水土流失，防治洼地底部淹没，为 FAST 的长期安全运行提供了保障[61, 62]，能为今后在岩溶洼地地区进行类似的工程建设提供一定的参考价值。在建立排水系统的同时通过研究选择适合的弃土渣场，将开挖过程中产生的大量土石方进行科学回填，在台址区洼地内建造出超过 $10000m^2$ 的施工场地两处，成功解决了 FAST 工程在施工过程岩溶洼地内无平整场地可用的问题，同时也解决了弃土可能造成的岩溶洼地生态环境问题。

7.2　台址区周边生态环境保护技术

7.2.1　台址区生态环境问题

1. 岩溶地区环境问题

在我国岩溶地区广泛分布，在国民经济建设、人民生活和文化发展中具有重要作用。

研究岩溶生态系统的运行规律，了解造成岩溶生态环境破坏的核心问题，就能促进岩溶脆弱生态的治理及开发的可持续性。岩溶地区独特的水文特征和地貌特征，使得岩溶地区的工程建设常常面临非岩溶地区没有产生过的问题。工程建设时，将会遇到工程措施、植被保护及可持续发展等大量问题。这些问题成为制约岩溶地区经济发展的主要因素。岩溶生态环境的问题表现在以下几个方面。

1）水土流失

根据已有研究资料表明，在贵州地区碳酸盐岩溶蚀风化形成 1cm 厚的土层需要 1.2 万年左右的时间，是碎屑岩成土地区成土速率的 1/40 ～ 1/10 余倍[63]。因此在岩溶地区生态系统中土壤是尤其珍贵的自然资源。而岩溶山区水土流失是受气象、水文、地层岩性、地质构造等内因与人类生产活动等外因两方面共同造成的结果，且只能从外因上进行治理。目前，岩溶区水土流失已得到了政府的高度重视，并且相关的水土流失治理工作也在紧锣密鼓地进行中。

在岩溶地区在进行工程建设时，必须考虑到维系土壤的总量平衡以减缓生态破坏。避免水土流失破坏生态环境，使土地生产力衰退，影响农、林、牧业生产，甚至威胁到当地居民的生存。

2）水资源

在岩溶地区水资源存在地上与地下的双层结构。一方面，岩溶表层生境干旱缺水；另一方面，地下岩溶管网发达，地下水资源丰富。受岩溶地层岩性及构造因素的影响，地表径流及污染水质会直接下渗到地下岩溶的含水层中，岩溶地下水系统相当脆弱，很容易受到来自地表径流的水质污染，且地下水污染具有隐蔽性，一旦遭到污染，将会很难恢复甚至不可能恢复。

在峰丛山区，封闭洼地、溶蚀盆地星罗棋布，没有完整的地表排水网，降水在洼地、溶蚀盆地中汇集后再由落水洞进入岩溶含水层系统中，使得该地区水量在时间分布上的不均匀性在岩溶系统中变得更加突出。地表水位、水量变幅大和旱涝灾害都凸显了岩溶地区的水资源脆弱性问题。

3）石漠化

岩溶山区石漠化是人为、生物和地学过程。随着石漠化程度的加深，植被的生境向着干旱生化和岩生化发展，群落结果渐趋简单，植被盖度和生物量显著降低。在地表植被退化、丧失后，又会使得出露的碳酸盐岩"生长"为石芽、石柱、溶沟、溶槽等溶蚀地貌。随着石漠化程度的加重，地表岩溶"生长"速度也越快，最终使基岩的裸露率达到 50%，甚至 90% 以上，导致土地生产力完全丧失。

岩溶地区石漠化是在脆弱岩溶生态环境下叠加人类活动所致，是水土流失最直接的结果之一，是土地退化的表现形式，也是我国最难整治的环境地质问题。目前，西南岩溶地区石漠化土地面积达 $12.96 \times 10^4 km^2$，且每年以 $1800km^2$ 的速度在扩展，年平均增长率为 2%[64]。贵州省作为全国唯一没有大平原作为支撑的省份，石漠化的发展必将导致耕地面积本来就稀缺的状况更加严重，直接影响到国民经济的发展。

4）地质灾害

在岩溶地区还易发生岩溶塌陷与岩溶内涝。岩溶塌陷一般发生在浅覆盖型岩溶区，在土层覆盖下的基岩并非平整的平面，而是在长期潜蚀作用下发育成的大量直径为 0.5 ~ 2m 的土洞。天然水位的波动加上人为抽取地下水，引起水位反复剧烈变动容易诱发塌陷。这些土洞具有隐蔽性与突发性，造成的危害较大。

岩溶内涝是裸露型和浅覆盖型岩溶区常见的环境问题。在贵州南部的岩溶斜坡地带，分布有大面积的峰丛洼地地貌，这些岩溶区域下部发育有地下河，流域范围面积广，大的在上千平方千米，小的也有几十平方千米。在这些区域内大面积的降水转化为地下水，然后汇集在几条主要的河道中。在地下河沿线，地下水埋深较浅的地段，降水时地下河洪峰流量特别大，地下水来不及排泄，就顺着洼地或谷地边的落水洞涌出，或者洼地底部原有的落水洞被冲刷物阻塞，洼地内的降水得不到排泄，在洼地内便形成内涝。生态环境的破坏后，地下河管道被拥堵，使得下泄能力减弱，水位变幅更大，加剧了这种灾害的影响。

岩溶环境制约着区域水土资源特征，也影响着水土流失、石漠化的形成过程和特点。贵州省岩溶因所处地质环境的不同，而产生各种差异。从岩溶地貌单元上看，存在断陷盆地、峰丛洼地、岩溶峡谷、溶蚀高原和岩溶槽谷等不同类型，这些不同类型的岩溶环境和水土资源的差异，在水土流失、石漠化等方面也表现不同。因此，必须区别对待、因地制宜地采取综合治理措施，才能取得良好的效果。

2. 台址区水环境问题

FAST 台址区地属于大小井地下河系统，地处贵州高原向广西丘陵过渡的斜坡地带，为红水河二级支流的坝王河中游，是贵州岩溶最发育的地区。周边 400km² 的范围内洼地分布密集，单个面积大于 0.0314km² 的较大洼地就多达 271 个，且大多数洼地底部有 2 ~ 3 个落水洞。浅部近垂直方向的落水洞发育，深部以近水平方向的溶洞管道为主，地下溶洞纵横密布，地表河与地下暗河之间转换频繁，流经台址区的地表河均转为地下暗河。暗河系统十分复杂，具有岩溶地貌类型复杂、变化频繁等特点。

据区域水文地质调查，区域除洼地等负地形之外地带，基岩大多呈裸露型；洼地区斜坡大多植被发育或较发育，分布有崩塌、滑塌、溶塌堆积的松散物质，主要表现为颗粒物质粗大的巨大块石、碎石，细粒的砂石和黏土较少，结构为欠胶结或半胶结状态；洼地内一般浅表为坡残积的黏土分布，厚度较小，一般 3 ~ 5m。地下水则分为第四系松散岩类孔隙水和碳酸盐岩类裂隙溶洞水两类。第四系松散岩类孔隙水主要赋存于洼地及洼地斜坡的第四系松散堆积层内，为上层滞水，水位埋深较小，水量变化大，分布较均匀。主要接受大气降水的补给，其动态特征具有季节性强的特点。碳酸盐岩类裂隙溶洞水赋存于中三叠统凉水井组（T_2l）地层的溶蚀裂隙管道或溶洞中。

大窝凼内深层地下水除通过地表松散堆积体孔隙、溶蚀裂隙、洼地、落水洞及溶蚀管道等接受大气降水的补给外，还得到北部上游地下水的补给，并沿区内发育的南东向优势裂隙通过溶蚀裂隙、溶蚀破碎带或溶蚀管道向南东方向径流，排泄于大窝凼东侧的大井地下河主管道。通过现场钻孔勘探的揭露，大窝凼底部的深层裂隙溶洞水埋深在 75m 以上。由于大井地下河支系发育，沿其南北向主管道，东西侧有许多树枝状小支系汇入。大窝凼属于大井地下水河系西侧众多小支系之一，流域面积小，对深部碳酸盐岩类裂隙溶洞水的径流补给量相对有限。

3. 台址区生态环境问题

峰丛洼地是地下水补给区，由于水力坡降大，枯期水量保存较少，地表又没有完整的排水系统，加上水位埋深较大，近地表处于流干状态，结果造成地表常常干旱缺水，影响植被的生长，从而加剧了石漠化的发生。

FAST 台址区是典型的岩溶峰丛山区，地处大小井流域中下游区，岩溶发育向深性表现明显，区域内峰丛洼地遍布，地形崎岖破碎，缺水少土，石漠化和岩溶干旱严重，自然灾害频繁。洼地内石灰岩直接出露于地表，岩溶发育强烈，地下水以溶洞－管道水为主并深埋地下，水资源开发利用难度较大。开挖后洼地中下部大部分植被被清除，这就加速了原本较为脆弱的生态环境的恶化。FAST 工程建设的同时，维护好了当地生态环境，实现了生态的可持续发展。

7.2.2　弃渣填筑处理

FAST 台址区洼地中上部的陡崖及高边坡上存在大量被节理和裂隙分割、极易发生失稳的危岩体，而在洼地中下部则广泛分布有由溶蚀及各种风化作用搬运下堆积而成的块石堆积体。FAST 工程开挖产生大量土石方，必须寻找经济合适的弃渣场。

在弃渣场选择时通常需要根据弃渣区域的地形地貌、水文地质等条件综合考虑，应优先选择填洼弃渣，平地弃渣次之，最后选择沟道或坡面弃渣[65]。填洼弃渣投资较小，潜在的水土流失危害小，对周围环境影响也较小。平地弃渣虽然影响也较小，但需设置排水沟和沉砂池等，投资较大。沟道与坡面弃渣量较大，但对周边环境影响较大，且投资也较大。FAST 工程所在区域地貌以岩溶峰丛洼地为主，因此在考虑弃渣场选址时以周边岩溶洼地、沟槽为主要考虑对象，并结合施工总布置进行规划。由于岩溶地区生态环境的脆弱性，弃渣场选择还需满足环境保护与水土保持的要求。

根据大窝凼周边地形情况，需选择两块场地作为土石方堆场。在大窝凼周边有 4 个候选填渣地，其位置如图 7.1 所示。各候选弃渣场特性见表 7.1。WD-A 小窝凼洼地与 FAST 台址区毗邻，作为渣场弃渣运距短，施工方便。WD-B 洼地与 FAST 台址区有一垭口间隔，原为荒地未被使用，且暂无道路通行，作为渣场使用会对其下游有一定的影响。WD-C 南窝凼洼地现有乡村道路与台址区通行，洼地较为封闭，现为荒地未被使用，施工较为方便。WD-D 洼地现也有乡村道路与台址区通行，弃渣容量较大，洼地底部为农业耕地，作为渣场会对周边居民产生影响。

表 7.1　FAST 台址开挖填渣场特性

弃渣场	位置	占地面积 /m²	底部高程 /m	可容纳弃渣量 /m³
WD-A	大窝凼北侧 300m	1.7 万	890.2	56 万
WD-B	大窝凼西侧 720m	8.3 万	940.6	240 万
WD-C	大窝凼南侧 380m	2.6 万	948.1	99 万
WD-D	大窝凼东南侧 720m	11.1 万	882.7	330 万

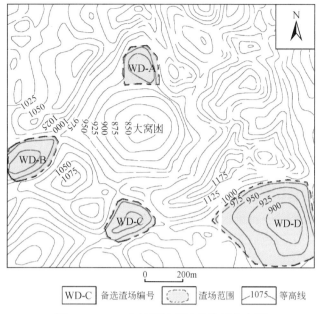

图 7.1 FAST 台址开挖填渣场位置分布图

综合考虑回填方量、施工运距及拟建建（构）筑物规划，选择 WD-A 与 WD-C 作为土石方堆填渣场。

WD-A 小窝凼回填后能够形成面积约 10000m² 的平台。可用于设备组装，其中有 40m×20m 尺度馈源舱装配车间（设备部件总重约 80t）。建有通道从小窝凼到达北边圈梁内 20m 处，可运输 12m 尺度反射面单元。同时平台与周围山坡之间留设有崩塌槽，作为拼装场地的同时兼顾防治山坡可能发生的崩塌落石[66]。

WD-C 南窝凼位于场地南侧，主要作为排土场使用。WD-C 需要预留一部分空间（约 15 万 m³）供进场道路填方。考虑对北侧 WD-A 小窝凼回填平场地形地貌单元的充分利用，工程完工后进行复垦。

为尽可能减少开挖对大窝凼洼地的生态破坏，FAST 台址采用多目标方法对开挖中心，以及馈源塔和圈梁支撑柱进行了优化设计，力求将开挖工程量减小到最低。

FAST 台址开挖中心确定后，土石方开挖量为 88.84 万 m³，在贫瘠和生态问题严峻的岩溶山区，如何做好这一部分弃渣的堆放工作，尽量做到环保及节约用地，达到"资源节约型，环境友好型"设计的目的，是开挖设计时必须考虑的。针对开挖中的大量弃渣的问题，为了避免"三废"问题给洼地内环境带来伤害，对地下水造成干扰。设计时变废为宝，将弃渣在北侧小窝凼（WD-A）和南侧南窝凼（WD-C）处集中回填，并采用"碳酸盐岩填方地基滞水结构"、洼地底部的"岩溶洼地落水洞保护装置"及"岩溶洼地曲面暗渗排水结构"技术，分别得到了 10000m² 的大型拼装场地和不小于 15000m² 的新增建筑施工用地；为拼装场地和临时施工场地建造，以及水土保持环境绿化创造了条件，成功达到了少占良田好土，避开地质不良地段，减少对自然和生态环境破坏的目的。

7.2.3 边坡绿化措施

为了能将 FAST 建设场地更好地融入自然，场地内多处边坡采取了绿化措施。南垭口边坡为 FAST 台址开挖场地补充检修道路 K0+220 至螺旋检修道路 K0+170 段左右两侧道路边坡。为了增加大窝凼洼地内植被的覆盖率，同时为了美化边坡，也起到涵养水源的作用。由于边坡上的窗格防护中有大部分地段没有回填种植土，基本处于凹陷状态，为了能够达到一定的景观效果，在设计上考虑植生袋方式进行绿化。首先对窗格防护中的凹陷部位进行处理，以满足植生袋防护的基本要求，然后将经过改良的种植土回填到植生袋中，植生袋隔层已提前配制好了草种，并将植生袋堆筑且固定在窗格凹陷处。对边坡局部陡峭处采用了铁丝网加以覆盖，以确保植生袋的稳定，给植物的生长提供稳定的基床环境。实际配置过程中还采用了当地的灌木种子，以保证灌木的生长（图 7.2）。

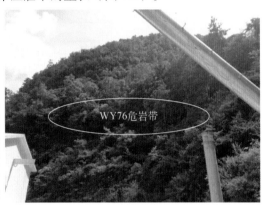

(a) 南垭口边坡绿化   (b) WY76危岩带植被恢复

图 7.2   FAST 台址边坡绿化

7.3   岩溶洼地防排水治理技术

针对岩溶地区特殊的生态环境问题，FAST 工程从生态环保、利于岩溶地区可持续发展出发，提出既能够确保 FAST 工程长期稳定运行，又能防止台址区斜坡地表冲刷、减缓水土资源流失问题的防排水治理的关键技术。

7.3.1   区域地下水径流规律

台址区域地下水按赋存和分布特征，可分为第四系松散岩类孔隙水与深部碳酸盐类岩裂隙溶洞水两类。

第四系松散岩类孔隙水主要赋存于大窝凼底部黏土层和洼地斜坡及底部的溶塌巨石混合体中，主要接受大气降水的补给，径流途径短，一部分通过深部基岩的溶隙、溶洞补给碳酸盐岩类裂隙溶洞水，一部分则蒸发排泄。该类地下水水位埋深季节变化大，枯季水位埋深 2.5 ~ 3.0m，雨季水位埋深 0 ~ 1m。台址区周边浅层地下水主要出露在西南侧的六水。

深部碳酸盐岩类裂隙溶洞水赋存于碳酸盐岩类地层的溶蚀裂隙和溶洞管道中，根据钻孔揭露显示水位埋深在 75m 左右，主要接受地表松散堆积体孔隙、溶蚀裂隙、洼地、落水洞及溶蚀管道等大气降水的补给，并沿区内发育的溶蚀管道径流排泄。

通过现场示踪试验显示，大窝凼和六水分属两个不同的地下暗河系统，其间没有水力联系，大窝凼属于大井地下河水系，地下水向东径流在水淹凼洼地汇入主管道。由于大窝凼和六水不属于同一个地下河水系，六水涨水不会引发大窝凼回水倒灌淹没问题。

大窝凼周边 1.5km 最低点为水淹凼，其洼地底部高程为 737.5m，低于大窝凼洼地底部标高 103.7m。大窝凼洼地内的大气降水部分顺坡而下，入渗至浅表层地层后洼地底部汇集。根据物探资料显示，底部汇水经地下溶蚀管道向东流入水淹凼洼地底部的地下暗河。水淹凼下部为大井地下水主管道，该主管道联通上游的航龙河与下游的大井地下河出口。当航龙河涨水时，主管道来不及排水使得水淹凼会被水淹没。历史上水淹凼最大淹没高度约为 35m，淹没水位标高 772.5m，比大窝凼底部标高低约 68m。但在水淹凼淹没期间，大窝凼内并未有地下水从落水洞回灌。可见，大窝凼被淹主要是大气降水量过大或过于集中导致落水洞不能同步同量消水造成，与大井地下水管道地下水的消涨没有关系。

7.3.2 大窝凼排水条件

根据平塘县气象站建站（1961 年）以来至 2016 年，最大日降水量为 X_{max}=172.0mm（出现于 1970 年 7 月 12 日），降水持续时间按 5 小时计算，在大窝凼洼地其汇水面积 F=0.657km^2 内，历史上最大的汇入水量（V_{max}）为

$$V_{max} = \frac{5}{24} X_{max} \cdot F = 23542m^3 \tag{7.1}$$

按最大淹没高度进行测算在水淹凼洼地内，其积水体积为 98914.78m^3。其低于大窝凼底部标高的部分，还可积水体积为 290663.39m^3。该体积远远大于大窝凼洼地流域内汇入水量 23542m^3。

仅依靠大窝凼洼地内原有落水洞进行消水存在一定的风险，但 FAST 台址区汇水又必须排出，因此从地形、地质条件及库容容积上综合分析，采取人工开凿隧道的方式将大窝凼洼地内降水汇集后引入水淹凼是解决该问题的可行方法。且通过现场调查，水淹凼洼地内工程地质条件良好，大窝凼洼地内积水排入后对水淹凼洼地影响较小，不会引发滑坡、泥石流等地质灾害。

7.3.3 水文计算模型

1. 台址区洪峰流量

FAST 工程利用岩溶洼地作为基底，使得原有的自然峰丛洼地地貌改变为人工建筑洼

地。工程的建设破坏了原本生态系统。地表植被和部分土壤被清理后，对降水的截流能力减弱，地表径流的加强使得洼地内水土流失加剧，特别在暴雨过后，极易导致洼地内原有的落水洞阻塞造成洼地内涝，对工程项目造成直接的影响。根据《防洪标准》（GB50201—2014），FAST 台址工程按工矿企业Ⅲ类防洪标准确定。该项目实施后洪水会产生较为严重的影响，确定防洪标准为 50 年一遇。

　　根据调查在大窝凼洼地底部东侧有一落水洞，原有洼地内积水主要通过该通道进入地下的大井地下河管道系统进行排泄。在工程建设之前每年洼地底部会被淹 3～6 次，最大淹没高程约 842.15m，淹没水位在 1.25m，但在降水后的 24 小时内，通过落水洞及地表入渗的方式能够将洼地内积水疏干。在工程建设期，原有落水洞极易因开挖弃土而阻塞，依靠原有落水洞进行消水存在不可靠性，为了 FAST 工程的安全运行采取人工疏导的方式进行排水。

　　在进行排水设计时首先要掌握台址区流域的降水量，对大窝凼洼地内的洪峰流量进行计算。一般以频率暴雨推求设计洪水是中小流域分析设计洪峰流量的主要途径。在一些地区的中小型工程设计多采用《全国暴雨径流查算图表》计算设计洪水，但该《全国暴雨径流查算图表》适用的流域面积尚缺少相关研究，对其计算成果的可靠性不能确定。因此采取适应于 FAST 的小流域的雨洪法公式 [式 (7.2)]，以及《公路桥涵设计手册》（以下简称《设计手册》）中的公式 [式 (7.3)] 进行对比计算。

$$Q_p=0.481r^{0.571}f^{0.223}j^{0.149}F^{0.890}[CS_p]^{1.143} \tag{7.2}$$

$$Q_p=0.278\left(\frac{S_p}{\tau^n}-\mu\right)F \tag{7.3}$$

式中，Q_p 为设计洪峰流量；r 为汇流系数，0.45；f 为流域形状系数，2.10；j 为主河道比降，536‰；F 为开挖后流域面积，0.657km²；C 为洪峰径流系数，0.87；S_p 为设计 50 年一遇暴雨雨力，93.7mm。τ 为汇流时间，采用式 (7.4) 计算得到，其中 L 为主河道长度 0.559km，K_3、a_1 为汇水时间分区和系数指数，查表得到分别为 0.302 与 0.713；n 为暴雨递减系数，0.47；μ 为损失系数，采用式 (7.5) 计算得到，其中 K_2 为损失参数的分区，β_2、λ 为系数指数值，查表得到分别为 1.17、1.099 及 0.437。

$$\tau=K_3\left(\frac{L}{\sqrt{j}}\right)^{a_1} \tag{7.4}$$

$$\mu=K_2(S_p)^{\beta_2}F^{-\lambda} \tag{7.5}$$

　　通过代入计算得到，采用雨洪法得到的台址区洼地内洪峰流量为 34.5m³/s，采用《设计手册》则洪峰流量为 66.9m³/s。

　　采用两种方法分别对大窝凼洼地内原有落水洞消水能力进行计算。大窝凼底部积水面积为 116422.28m²，积水高度通常在 0.31m，底部斜坡坡率为 1.3，则积水体积为 46918.18m³。在台址开挖前汇流面积为 0.42km²，采用雨洪法计算得到洪峰流量为 23.2m³/s，5 小时降水总量为 417600m³，则消水量为 370681.82m³，即落水洞消水能力为 20.6m³/s。采用《设计手册》得到洪峰流量为 37.6m³/s，5 小时降水总量为 676800m³，则消水量为 629881.82m³，即落水洞消水能力为 35m³/s。

台址开挖后，在原有落水洞仍有消水能力的条件下，则雨洪法计算洪峰流量下 5 小时洼地内积水 250200m³，积水高度为 1.65m，淹没标高 835.65m。在《设计手册》计算洪峰流量下 5 小时洼地内积水 574639.9m³，积水高度为 3.8m，淹没标高 837.8m。两种方法计算对比见表 7.2，通过现场调查雨洪法计算结果与实际情况较为相符，因此采用雨洪法对洼地流域内降水作进一步计算。

表 7.2　FAST 台址洼地积水计算结果对比表

计算方法	设计洪峰流量 /（m³/s）	原落水洞消水能力 /（m³/s）	5 小时洼地积水水量 /m³	洼地水淹积水标高 /m
雨洪法	34.5	20.6	250200	835.65
公路手册	66.9	35	574639.9	837.8

2. 台址区分区划分

依据地表水分水岭及大窝凼洼地内地貌特征，将台址区细分为 5 个区块，分别计算每个区块内的洪峰流量。具体分区如图 7.3 所示。Ⅰ区位于大窝凼洼地北侧，汇水面积 0.147km²，包括小窝凼流域；Ⅱ区位于大窝凼洼地东北侧，汇水面积 0.099 km²，为东垭口流域；Ⅲ区位于大窝凼东南侧，汇水面积 0.144km²，包括挖方边坡 1 流域；Ⅳ区位于大窝凼西南侧，汇水面积 0.098km²，包括 7H 馈源塔边坡及南垭口出口；Ⅴ区位于大窝凼西侧，汇水面积 0.147km²，为 9H 馈源塔边坡。

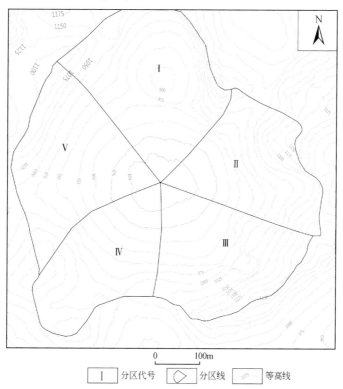

图 7.3　FAST 台址区汇水分区图

3. 分区计算结果

采用式 (7.2) 对上述每个分区小流域内的洪峰流量进行计算，精确设计排水沟尺寸，为工程减少开挖量与工程造价，计算结果见表 7.3。

表 7.3   FAST 台址汇水分区计算结果表

分区号	I	II	III	IV	V
分区面积 /km²	0.161	0.111	0.119	0.104	0.140
计算洪峰流量 / (m³/s)	9.66	7.44	7.79	6.27	8.76

7.3.4   排水管网建立

根据水文量计算，大窝凼汇水面积为 0.657km²，50 年一遇设计洪峰流量为 34.5m³/s。FAST 工程实施后，大窝凼洼地内汇水面积则被分割为两个区域，即反射面圈梁内部区域与反射面圈梁外围区域。因此进一步可以将 5 个分区分别分割为两个部分，如图 7.4 所示。每个区域的第 1 部分为反射面圈梁的外围区域，第 2 部分为反射面圈梁内部区域。反射面区域汇水总面积为 0.196km²，相应的洪峰流量为 10.3m³/s。反射面外围汇水面积 0.461km²，相应的洪峰流量为 24.2m³/s。对每个汇流区域洪峰流量进行计算，计算结果见表 7.4。

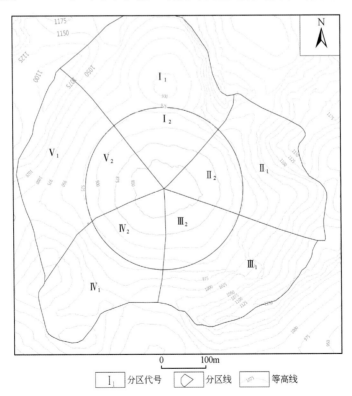

图 7.4   FAST 台址区工程实施后汇水分区图

表 7.4　FAST 台址汇水小分区计算结果

分区号	I_1	I_2	II_1	II_2	III_1	III_2	IV_1	IV_2	V_1	V_2
分区面积 /km²	0.117	0.044	0.08	0.031	0.08	0.039	0.063	0.041	0.095	0.045
计算洪峰流量 / (m³/s)	7.61	2.05	5.58	1.86	5.65	2.14	4.46	1.81	6.22	2.54

在 FAST 工程中共设置有三道径向排水沟与两道环向截水沟。圈梁外侧设置有外围道路边沟，利用外围道路边沟作为截流排水沟收集外围降水。为了保证路线挖方边坡和陡崖地段的稳定，在圈梁外侧边坡顶端和陡崖顶端分别设置排水沟防止水流冲刷坡面和陡崖，这些排水沟的水流进入道路边沟中。道路边沟将收集到的雨水汇集到第一道径向排水沟，向下再流入第一道环向截水沟中。第一道环向截水沟再收集部分圈梁内降水后继续向下将积水输送到第二道径向排水沟中。在圈梁区域内依靠第二道环向截水沟与内侧螺旋路排水沟作为辅助截水设施，收集圈梁内侧区域降水并疏导外围来水。外围降水和反射面区域的降水沿着第三道径向排水沟最终排至反射面底部消能池中，底部消能池再经排水隧道将降水排至水淹凼洼地。大窝凼洼地内排水管网平面布置如图 7.5 所示。根据不同的汇水面积与洪峰流量对每个区域径向排水沟断面利用式 (7.6) 进行计算，环向截水沟以排泄功能为主也采用式 (7.6) 进行计算。圈梁外围将由 1～4 道径向排水沟分担每个区域降水，具体排水沟断面设计见表 7.5。

$$A = \frac{Q}{C\sqrt{Ri}} \qquad (7.6)$$

式中，A 为径向排水沟断面面积，m²；Q 为设计最大径流量，m³；C 为谢才系数；R 为水力半径，m；i 为排水沟比降。

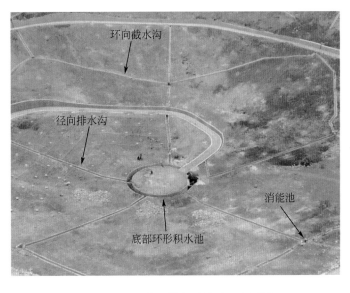

图 7.5　FAST 台址排水系统平面布置图

表 7.5　FAST 台址排水沟断面计算表

分区号	坡降	排水沟宽度 b/mm	排水沟高度 H/mm
I_1	0.631	600	400
I_2	0.141	1100	900
II_1	0.586	700	500
II_2	0.164	1300	1000
III_1	0.557	800	700
III_2	0.180	1100	900
IV_1	0.532	600	450
IV_2	0.171	1100	900
V_1	0.531	600	400
V_2	0.178	1300	900

在径向排水沟与环向排水沟交接处均设置具有消能兼拦砂功能的消能池一座。能够减缓流水对排水沟的冲刷，延长排水系统的使用年限。也能够收集上游地表水冲刷表层土，减少在洼地底部表层土的堆积量，避免排水隧道的阻塞。在径向排水沟中还设置有跌水梯步防止雨水冲刷，梯步高 h 为 400mm 或 450mm，并根据实际地形条件适当调整宽度与高度，如图 7.6 所示。

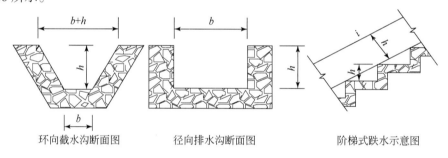

环向截水沟断面图　　　径向排水沟断面图　　　阶梯式跌水示意图

图 7.6　排水沟断面示意图

7.3.5　隧道排水技术

通过环向截水沟与径向排水沟的汇集，台址区的降水最终进入排水隧道中。排水隧道坡降为 5‰，在水淹凼洼地处的排水隧道出口高程为 821.4m，该出口位置与水淹凼洼地底部高差为 83.9m，完全可满足汇集降水的自由出流的需求，如图 7.7 所示。排泄至水淹凼洼地后，经由洼地内落水洞排入大井地下暗河。为了防止排水隧道的阻塞，在大窝凼洼地底部隧道进口设置有兼有沉砂拦渣功能的消能池。

在选择隧道孔径时，则考虑到原有落水洞不能消水的条件下，洼地内洪峰流量 34.5m³/s 完全由排水隧道消水，采用式 (7.7) 对隧道净宽进行计算。并参考《公路桥涵设计手册》中"拱涵泄水能力及水力计算表"确定隧道尺寸。

$$Q=1.366BH^{3/2} \tag{7.7}$$

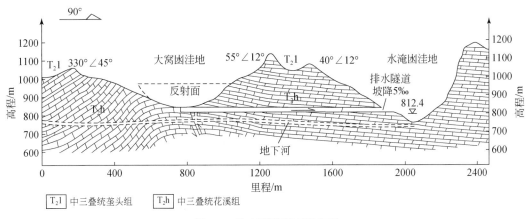

图 7.7　排水隧道剖面示意图

计算得到排水隧道净宽 3m、高 3m。设计洪峰流量下隧道内水位 2.5m，安全高度 0.5m，排水隧道能够满足排水需求。

根据已计算出的洼地洪峰流量，排水隧道采用无压隧道，断面为城门形式，上部成半圆形，下部成方形，隧道分为明挖段、管棚段和主隧道暗洞段。具体施工方式参见 3.6.2 节内容。

7.3.6　洼地曲面暗渗排水技术

小窝凼位于大窝凼北侧，是大窝凼封闭洼地内的一处附属小型洼地，呈圆形，四周封闭。原始地形底部与大窝凼底部有 48.6m 高差。能够将大量的大气降水汇集于洼地底部，而小窝凼洼地内无天然落水洞，大气降水只能通过地表入渗缓慢消散。

而碳酸盐岩地基在长期降水浸泡和侵蚀作用下，地基稳定性会受到影响，而对于小窝凼这样大量的填方体必须保证其稳定性与减小长期蠕变作用下的变形量，因此必须解决小窝凼洼地内的排水问题，详见 3.2.2 节。小窝凼排水工程如图 7.8 所示。

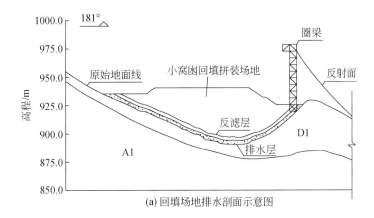

(a) 回填场地排水剖面示意图

(b) 回填场地排水工程现场图

图 7.8　FAST 台址小窝凼回填场地

7.4　综合治理效果评价

生态环境是人类赖以生存和发展的基本条件，是决定社会、经济持续发展的重要因素，岩溶山区的工程建设应该将生态环境的保护放在首位，FAST 工程通过边坡绿化、多目标开挖中心选择技术的优化、弃渣回填、洼地排水治理等多种生态环境保护措施，在建设国家大射电望远镜的同时，充分考虑到岩溶山区的环境保护，实现水土保持及绿化面积 15.4 万 m^2。其中南垭口边坡绿化、环形检修道路和螺旋检修道路边坡绿化、小窝凼大型拼装场地回填边坡绿化，以及最优化的挖方工程量设计都为大窝凼洼地内的植被保护提供了有力保障；为针对 FAST 工程内涝问题而设计的洼地综合防排水系统，在经历了 5 个水文年之后，洼地内未出现内涝的情况，不仅有效解决了大窝凼洼地的内涝问题，同时为大窝凼洼地的水土保持做出了积极贡献；在 FAST 工程场区内形成的小窝凼和南窝凼两个回填区，充分利用开挖所产生的废渣，分别在小窝凼和南窝凼形成 $10000m^2$ 的大型拼装场地和不小于 $15000m^2$ 的新增建筑施工用地，避免了"三废"问题给环境带来的污染与工程建设对地下水的干扰，同时也为洼地内无建设场地这一问题提供了解决途径。工程完工后，通过在渣顶覆土、复耕还田或植草绿化，减少了洼地植被的破坏。大窝凼洼地内部的水经由排水系统排到大窝凼东部的水淹凼洼地内，洼地内的水资源进入大井地下河系统，水资源得到有效处理。FAST 工程通过多种生态环境保护措施，尽可能地减小工程对岩溶洼地的生态破坏，为岩溶洼地内建设绿色示范工程开辟了先河。

7.5　本 章 小 结

针对 FAST 开挖系统建造过程形成的 88.84 万 m^3 土石方工程量，选择合理的弃渣场，将土石方进行合理回填，通过采用"碳酸盐岩填方地基滞水结构"、洼地底部的"岩溶洼地落水洞保护装置"及"岩溶洼地曲面暗渗排水结构"，为工程建设提供了两处 10000m² 以上的大型拼装平台。不仅成功解决了岩溶洼地无平整场地可用的问题，降低了工程对地下水的干扰，同时解决了随意弃渣可能导致的岩溶生态问题。

　　本章结合 FAST 工程所在区域的水文地质、岩溶发育及地形地貌等特点，采用适应于岩溶小流域的水文计算模型，分区精细计算每个微地貌内的洪峰流量，按洪峰流量设计相应区域的排水沟宽度与高度。并通过在洼地底部开凿排水隧道，将洼地区域内降水排到相邻洼地内。在洼地内形成了由径向排水、环向截水沟、消能池、底部消能池、排水隧道等关键水工工程组成的大型岩溶洼地防排水综合治理系统。该排水系统在确保大窝凼洼地底部 FAST 的重要仪器设备不会因水淹没而损坏的同时，还能防止地表冲刷，保护洼地内生态环境。

第8章 超高边坡稳定性及动力响应特征分析

8.1 概　　述

　　FAST 台址区圈梁以上，1 点钟和 5 点钟方向有两处超高边坡高度均超过 100m，且表层裂隙发育严重，水平与竖向裂隙纵横交错，边坡表层被分割成"积木块"状，极有可能产生崩塌破坏，需要对其采用科学的方法加以防护。对于岩质边坡复杂裂隙分布的情况，目前有限元法无法很好地进行分析，因此本章通过建立 UDEC 数值模型，对比了台址内圈梁以上两处超高边坡加固前后的稳定性，进而分析了加固后在地震作用下边坡的位移响应。

8.2 超高边坡稳定性分析

8.2.1 超高边坡几何模型

　　FAST 台址圈梁以上形成两处超过 100m 的超高边坡，挖方边坡 1 和 1H 馈源塔边坡。其中挖方边坡 1 高度 122.04m，整体倾角约 69°，层面产状 115°∠5°；1H 馈源塔边坡高度 100.5m，整体倾角约 57°，层面产状 13°∠8°，治理后边坡现场图如图 8.1 所示。岩体中分布有竖向裂隙和近水平的层面，边坡表层分布有外倾裂隙，裂隙强度远低于岩石强度，模型中需通过适当方式考虑裂隙，建立 UDEC 数值模型如图 8.2 所示。

(a) 挖方边坡1　　　　　　　　　　　　　　　(b) 1H馈源塔边坡

图 8.1　FAST 台址圈梁以上两处超高边坡

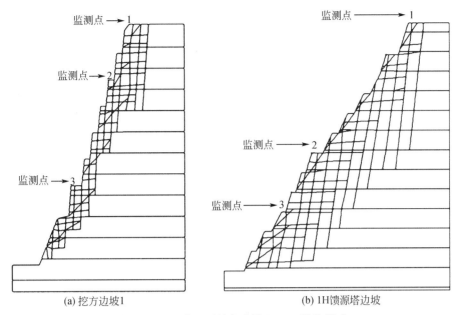

(a) 挖方边坡1　　　　　　　　　　　　(b) 1H馈源塔边坡

图 8.2　FAST台址两处高边坡 UDEC 数值模型

相较于有限元中常见的 interface 单元，UDEC 中的 crack 单元克服了裂隙相互切割时可能被打乱的系统逻辑关系，同时不受小变形和无转动条件的限制。模拟中需对裂隙的分布做适当简化，两处超高边坡的水平和竖向裂隙如图8.2所示，在边坡表面设置3个监测点。

8.2.2　超高边坡稳定性计算

1. 岩石和裂隙计算参数

岩石和裂隙的模型参数见表 8.1。

表 8.1　FAST 台址超高边坡岩石和裂隙计算参数

岩土（或裂隙）名称	材料模型	γ/（kN/m³）	C/kPa	φ/（°）	刚度 /GPa
岩石	莫尔库仑	27.25	1410	34.5	40
裂隙	莫尔库仑	—	0	30	法向 3、切向 1

2. 重力作用下的超高边坡变形特征

在自重作用下，计算 300000 步后，两处超高边坡的坡面均产生多处滑动，边坡内部未发生明显变形，如图8.3 ~ 图8.5所示。

由图8.3可知，两处超高边坡表层块体均产生较大范围滑动，滑动沿着外倾斜向裂隙发生，但边坡内部无破坏发生；由图8.4和图8.5可知，从监测点位移变化来看，3处监测点均在短时间内发生破坏，并迅速增大，表层坡体已经完全脱离。

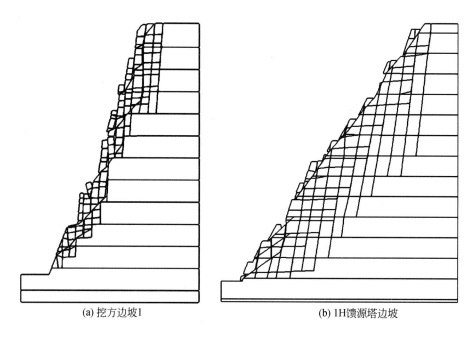

(a) 挖方边坡1   (b) 1H馈源塔边坡

图 8.3　FAST 台址两处超高边坡破坏特征

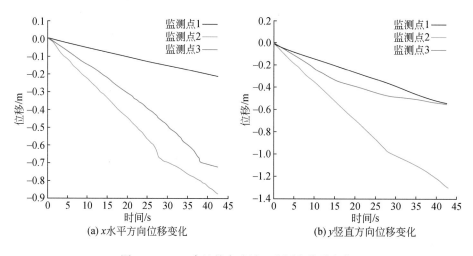

(a) x水平方向位移变化   (b) y竖直方向位移变化

图 8.4　FAST 台址挖方边坡 1 监测点位移变化

3. 加固后超高边坡变形特征

加固措施采用锚索格构，锚索的自由段长 7 ~ 10m，锚索锚固段长 5m，采用 UDEC 中的 cable 单元模拟。

结构锚杆（也就是土钉）长 4.5m 或 9m，水平间距 3m，直径 90mm，同样采用 cable 单元模拟。

临空面挂网喷 120mm 厚 C25 混凝土，采用 beam 单元模拟。

计算 300000 步后，两处超高边坡的变形如图 8.6 所示。

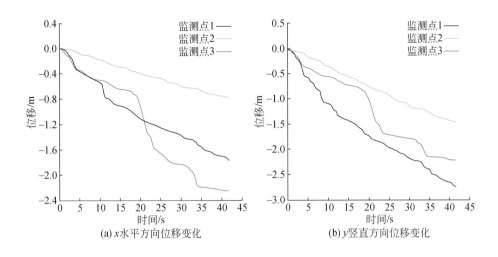

(a) x水平方向位移变化　　　　　　　　　(b) y竖直方向位移变化

图 8.5　FAST 台址 1H 馈源塔边坡监测点位移变化

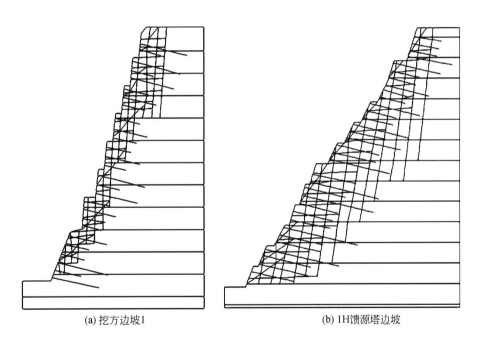

(a) 挖方边坡1　　　　　　　　　　　　　(b) 1H馈源塔边坡

图 8.6　FAST 台址加固后两处超高边坡变形特征

　　由图 8.4、图 8.5 对比图 8.7、图 8.8 可知，加固后两处超高边坡坡面均未发生明显变形，监测点变化曲线显示坡面块体变形在计算开始瞬间已趋于稳定，表明加固后两处超高边坡的稳定性都得到了较大幅度的提高，没有发生任何破坏。

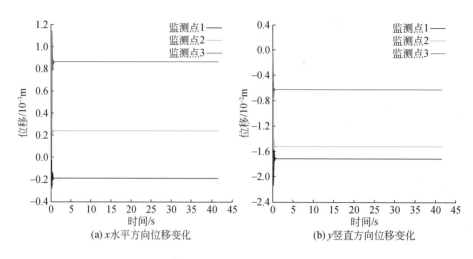

图 8.7　FAST台址加固后挖方边坡 1 监测点位移变化

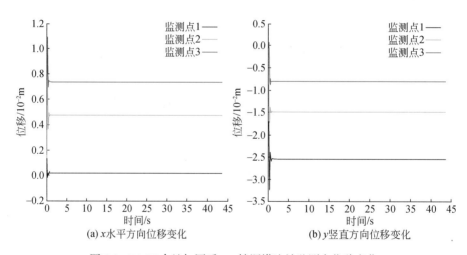

图 8.8　FAST 台址加固后 1H 馈源塔边坡监测点位移变化

8.2.3　小结

两处超高边坡在自重作用下，边坡坡面均有多处滑动破坏，其中裂隙是边坡的薄弱面，当有裂隙纵横交错极为发育时，破坏更容易沿着表层外倾裂隙发生。

加固后，支护结构穿过了表层斜向裂隙后，使得原有的表层裂隙得到加强，边坡稳定性得到了很好的提高。

8.3　地震作用下超高边坡动力响应特征

8.3.1　地震波选取

贵州是少震地区，地震记录相对较少，强震记录基本没有，鉴于此，本节基于抗震理论以间接方法人工合成地震波。FAST 场地抗震设防烈度为 6 度，设计基本地震加速度值 0.05g。采用人工地震波生成软件 SIMQKE_GR，生成的地震波时程记录如图 8.9（a）所示，峰值加速度为 0.05g，并将加速度时程曲线转化为速度时程曲线并去除趋势，如图 8.9（b）所示。

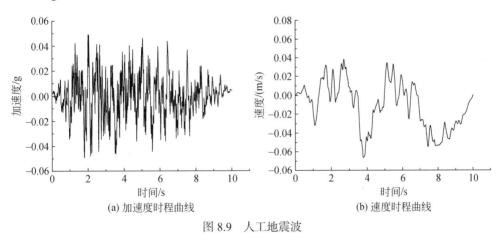

图 8.9　人工地震波

8.3.2　边界条件确定

在动力分析中，边界条件的选择至关重要。在地震响应模拟过程时，对边界条件的选择不合理，将导致计算结果的严重偏差。地震波在传播到模型边界后能够反射回来对模型产生影响，使得边界上波形失真，同时也不利于能量的耗散。为减少这种影响，在 UDEC 中采用自由场边界和黏滞边界就能很好地解决这个问题。这种边界是通过在边界上施加切向和法向的阻尼来实现吸收入射的地震波能量。

本次模拟过程中，将边坡的左右边界和底部边界均设置为黏滞边界且施加法向约束，边坡上部为自由边界，如图 8.10 所示。

在 UDEC 中并不能直接将地震波施加在黏滞

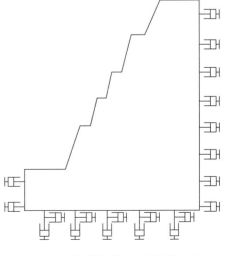

图 8.10　计算模型边界条件示意图

边界上，而是将其转换为一个应力再作用在模型边界上。采用式 (8.1) 和式 (8.2) 对地震波进行转换。

$$\sigma_n = 2\rho C_p \upsilon_n \tag{8.1}$$

$$\sigma_s = 2\rho C_s \upsilon_s \tag{8.2}$$

式中，σ_n 为法向应力；σ_s 为切向应力；ρ 为岩体的密度；C_p 为 P 波在模型中的传播速度；C_s 为 S 波在模型中传播速度；υ_n 为入射波的法向波速；υ_s 为入射波的切向波速。

C_p 和 C_s 可由式 (8.3)、式 (8.4) 计算得到。

$$C_p = \sqrt{\frac{K + 4G/3}{\rho}} \tag{8.3}$$

$$C_s = \sqrt{G/\rho} \tag{8.4}$$

式中，K 为岩体的剪切模量；G 为岩体的体积模量。

8.3.3　边坡的动力响应特征

采用 8.2 节中支护后的两处超高边坡，在底部施加地震荷载进行分析，研究其在地震作用下边坡整体的动态响应特征。分析结果如图 8.11 和图 8.12 所示。

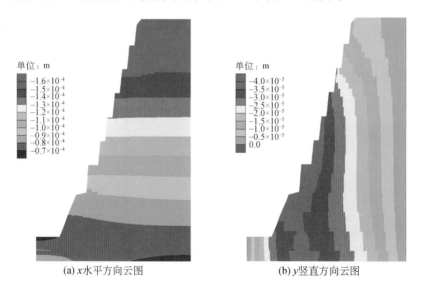

(a) x水平方向云图　　　　　　　　　(b) y竖直方向云图

图 8.11　FAST 台址挖方边坡 1 地震作用下位移云图

从图 8.11 和图 8.12 可以看出，在地震结束后，挖方边坡 1 最大水平位移发生在坡顶，为 0.16mm，最大竖向位移发生在坡面中下部，为 0.04mm，1H 馈源塔边坡最大水平位移同样发生在坡顶，为 0.3mm，最大竖向位移同样发生在坡面中下部，为 0.14mm。经加固后的坡体整体性较好，坡面岩石块体随着坡体整体变形，并未发生局部破坏。

地震结束后两处边坡顶部水平方向的位移均大于底部，竖直方向上的最大位移则集中在坡面中下部。说明地震波在向上传播过程中,随着坡体和坡面的方向动态响应逐渐增大。

地震作用下加固后的超高边坡 3 个监测点位移时程曲线如图 8.13 和图 8.14 所示。

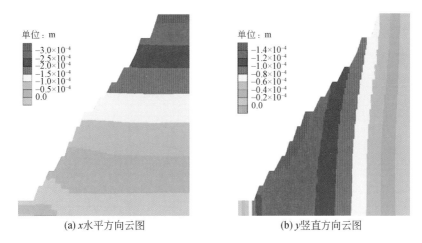

(a) x 水平方向云图　　　　　　　(b) y 竖直方向云图

图 8.12　FAST 台址 1H 馈源塔边坡地震作用下位移云图

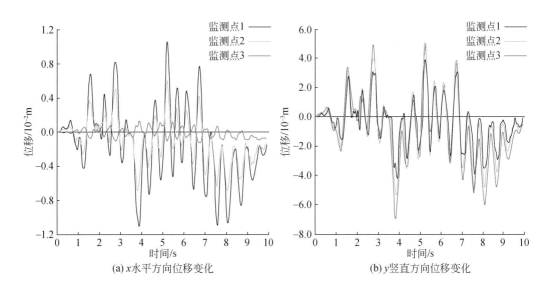

(a) x 水平方向位移变化　　　　　　(b) y 竖直方向位移变化

图 8.13　FAST 台址挖方边坡 1 监测点地震作用下位移时程曲线

由图 8.13 可知,挖方边坡 1 中监测点 1,水平方向最大位移为 11.2mm,竖直方向最大位移为 4.27mm。监测点 2 水平方向最大位移为 6.98mm,竖直方向最大位移为 5.42mm。监测点 3 水平方向最大位移为 1.45mm,竖直方向最大位移为 7.09mm。

由图 8.14 可知,1H 馈源塔边坡中监测点 1,水平方向最大位移为 9.76mm,竖直方向最大位移为 2.34mm。监测点 2 水平方向最大位移为 2.03mm,竖直方向最大位移为 7.21mm。监测点 3 水平方向最大位移为 1.86mm,竖直方向最大位移为 7.90mm。

地震作用下加固后的超高边坡 3 个监测点速度时程曲线如图 8.15 和图 8.16 所示。

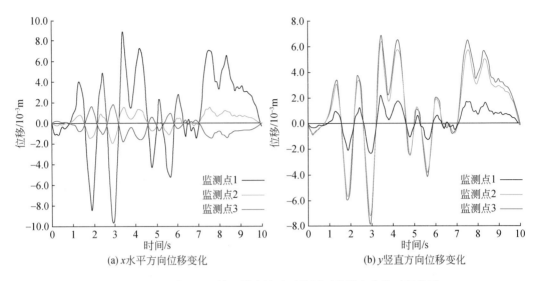

图 8.14   FAST 台址 1H 馈源塔边坡地震作用下监测点位移时程曲线

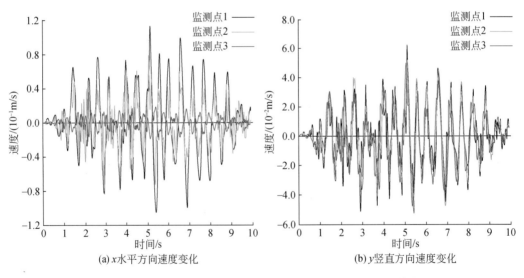

图 8.15   FAST 台址挖方边坡 1 监测点地震作用下速度时程曲线

    由图 8.15 和图 8.16 可以看出，监测点速度均在平衡位置处振荡，振动形式与所加载的地震具有相似性，其水平方向和竖直方向的速度均未发生明显的突发式增大或减少。由于沿着坡体向上地震响应的增加，坡顶监测点的水平方向速度响应也明显大于坡中部与坡底处的监测点，竖直方向的速度响应则基本相同。

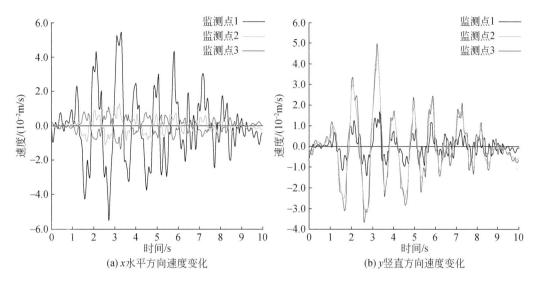

(a) x 水平方向速度变化　　　　　　　　　(b) y 竖直方向速度变化

图 8.16　FAST 台址 1H 馈源塔边坡监测点地震作用下速度时程曲线

8.3.4　小结

针对台址内两处加固后的超高边坡进行了地震动力响应分析，计算结果表明地震过程中，边坡对地震动力响应由坡体向上并向坡面增加，两处超高边坡最大水平位移均出现在坡顶，挖方边坡 1 坡顶监测点 1 水平方向最大位移为 11.2mm，1H 馈源塔边坡坡顶监测点 1 水平方向最大位移为 9.76mm；地震结束后，两处超高边坡均出现少量变形没有恢复，变形最大处出现在坡顶，挖方边坡 1 坡顶最大水平和竖向位移分别为 0.16mm 和 0.04mm，1H 馈源塔边坡最大水平和竖向位移分别为 0.3mm 和 0.14mm。地震过程中和地震结束后两处超高边坡未发生任何破坏。

8.4　本章小结

采用 UDEC 数值分析方法对台址区内两处纵横裂隙发育的超高边坡进行了稳定性分析，结果表明：

（1）加固前两处超高边坡坡面发生大范围滑动，滑动沿着表层外倾裂隙发生，边坡稳定性极差。

（2）加固后，坡面没有发生任何滑动，其加固后的稳定性有明显升高。

（3）加固后两处超高边坡动力响应分析表明，在地震过程中和地震结束后两处超高边坡均整体发生变形，最大变形发生在坡顶，坡面并未发生任何局部破坏迹象，地震结束后两处超高边坡水平方向均产生一定的变形，最大变形发生在坡顶，挖方边坡 1 坡顶最大水平位移仅有 0.16mm，1H 馈源塔边坡最大水平位移也仅有 0.3mm，边坡稳定性良好。

第三篇 FAST开挖系统安全性研究专题篇

第9章 开挖系统长期稳定性分析研究

9.1 概 述

目前FAST工程已竣工对外开放，天文望远镜的顺利建成离不开广大科学工作者和工程人员的努力付出。通过前两篇所述的台址开挖系统有关技术，台址区不良地质体已经得到了很好的治理，鉴于FAST工程为国家重大科学项目，为保证大射电望远镜在使用期间的正常安全运行，仍需对台址区开挖系统进行长期稳定性监测。本次监测主要根据工程特点、结合现场条件选取典型治理后的高边坡、危岩和溶塌巨石混合体进行变形监测，通过对监测数据分析，对工程台址稳定性进行评价，为FAST工程运行安全提供保障及依据。

9.2 监 测 方 法

9.2.1 坐标系统

本工程统一采用FAST坐标系统，充分利用FAST工程已建立的施工测量网控制点开展监测工作，FAST工程施工测量网控制点情况如图9.1和表9.1所示，监测仪器采用全站仪，规格型号为GeoMax中纬ZT80XR+。

表9.1 FAST台址施工测量网控制点信息表

序号	点名	北坐标 X/m	东坐标 Y/m	高程 H/m
1	JC0	−3.265	−4.127	835.291
2	JC1	89.331	158.062	887.895
3	JL1	−278.004	−63.555	983.384
4	JL2	−148.193	252.730	976.541

续表

序号	点名	北坐标 X/m	东坐标 Y/m	高程 H/m
5	JL3	225.025	123.868	972.420
6	JL4	210.972	−185.753	952.507
7	JL5	−52.649	−326.100	965.716
8	JL8	144.332	264.588	1005.538
9	Z10	−295.999	66.504	996.072
10	Z1	−225.309	−182.836	969.664
11	Z2	−204.417	−239.368	990.950
12	Z3	115.735	−275.396	968.084
13	Z4	287.448	−40.430	941.087
14	Z5	168.315	197.876	972.520
15	Z6	−93.032	297.470	971.381
16	Z7	−115.886	270.501	974.283
17	Z8	−76.954	285.747	958.470
18	Z9	−268.259	46.024	974.853
19	JL10	224.003	162.322	1004.169

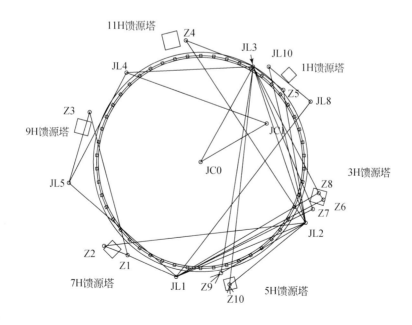

图 9.1　FAST 台址施工测量网控制点

9.2.2　平面控制测量布设原则

（1）监测点布设在保证通视的前提下，尽量全面客观地反映边坡及岩体的变形。监测点布置宁多勿少，保证每个变形监测点至少有两个测站可以监测到。

（2）测站均匀分布于整个施工现场，两两测站之间都进行高精度监测。

（3）分区监测，监测不同分区时保证至少有两个公共监测点，一般选择测其他站点作为公共监测点。

9.2.3　平面控制测量技术要求及监测指标

测角交汇法水平角监测测回数见表 9.2。

表 9.2　测角交汇法水平角监测测回数

仪器等级	特级	一级
DJ05	9	6

方向监测法的各项限差应符合表 9.3 的要求。

表 9.3　方向监测法的各项限差

仪器等级	两次照准目标读数差 /(″)	半测回归零差 /(″)	一测回内 2C 较差 /(″)	同一方向各测回较差 /(″)
DJ05	2	3	5	3

9.2.4　测站监测方法

基准网复测采用方向监测法，每次测量时由设置在 1 个工作基点上的测角精度为 0.5″ 的全站仪按方向法对其他工作基点和通视的施工方控制点进行测量，以此类推在每个基点进行相同的测量。

水平位移监测采用全站仪测角交汇的方法，每次测量时由设置在 3 个工作基点上测角精度为 0.5″ 的全站仪按方向法对一组监测点进行交汇监测，当一组监测完成后，再将全站仪置于另外 3 个基准点上对下一组监测点进行交汇监测，交汇角宜在 60° ~ 120°，以保证交汇精度。

FAST 台址开挖工程起始于 2011 年 3 月 25 日，截止到 2012 年 12 月 30 日顺利竣工验收。监测时间为 2015 年 4 月 ~ 2016 年 9 月，共完成监测期数为 21 期，每期次共监测 97 个监测点，每期次监测时间见表 9.4。

表 9.4　FAST 台址监测数据采集时间

监测期数	监测数据采集时间（年．月．日）	监测期数	监测数据采集时间（年．月．日）
第一期次	2015.04.16	第十二期次	2015.12.11 ～ 2016.01.04
第二期次	2015.04.16 ～ 2015.05.08	第十三期次	2016.01.04 ～ 2016.02.01
第三期次	2015.05.08 ～ 2015.06.06	第十四期次	2016.02.01 ～ 2016.02.25
第四期次	2015.06.06 ～ 2015.06.30	第十五期次	2016.02.25 ～ 2016.03.24
第五期次	2015.06.30 ～ 2015.07.24	第十六期次	2016.03.24 ～ 2016.04.27
第六期次	2015.07.24 ～ 2015.08.13	第十七期次	2016.04.27 ～ 2016.05.30
第七期次	2015.08.13 ～ 2015.09.06	第十八期次	2016.05.30 ～ 2016.06.25
第八期次	2015.09.06 ～ 2015.09.28	第十九期次	2016.06.25 ～ 2016.07.25
第九期次	2015.09.28 ～ 2015.10.21	第二十期次	2016.07.25 ～ 2016.08.24
第十期次	2015.10.21 ～ 2015.11.16	第二十一期次	2016.08.24 ～ 2016.09.20
第十一期次	2015.11.16 ～ 2015.12.11		

9.2.5　起算资料

在一期数据中取出基准网监测数据，采用拟稳平差，原有控制网中以下 4 点作为先验已知点、以便与施工控制网建立联系（表 9.5）。

表 9.5　FAST 台址基准网拟稳平差起算数据

点	X/m	Y/m	H/m	已知情况
Z001	−225.309	−182.836	969.664	3
Z004	287.448	−40.430	941.087	2
JL01	−278.004	−63.555	983.384	2
JL10	224.033	162.322	1004.169	2

平差得到 4 个测站的坐标，见表 9.6。

表 9.6　FAST 台址基准网起算数据

点	X/m	Y/m	H/m
ST01	356.918	−160.546	1013.37658
ST02	221.321	165.540	1003.96574
ST04	−271.130	44.852	977.79848
ST05	−280.028	−68.476	983.93383
Z001	−225.309	−182.836	969.664
Z004	287.448	−40.430	941.087
JL01	−278.004	−63.555	983.384
JL10	224.033	162.322	1004.169

9.3　监测测点布设整体情况

结合开挖后的台址情况，在 FAST 台址周边山体埋设了监测点，选用全站仪进行监测，监测点采用固定式小棱镜，其中 1H 馈源塔边坡坡顶布设 1 ~ 25 共 25 个监测点，WY76 危岩区布设 26 和 27 共 2 个监测点，5H 崩塌槽区布设 28 ~ 53 共 26 个监测点，WY18 溶塌巨石混合体区布设 54 ~ 56 共 3 个监测点，WY68 危岩区布设 57 共 1 个监测点，5H 馈源塔边坡区布设 58 ~ 60、89、90 共 5 个监测点，WY15 危岩区布设 61 ~ 88 共 27 个监测点（84 与 85 重复），1H 馈源塔边坡中部布设 91 ~ 99 共 8 个监测点（91 与 99 重复），合计 97 个监测点，详细布点情况见表 9.7。现场监测点棱镜照片如图 9.2 所示。

表 9.7　FAST 台址监测点总体布点情况

序号	部位及名称	测点名称	测点数量
1	1H 馈源塔边坡坡顶	1 ~ 25	25
2	WY76 危岩区	26 ~ 27	2
3	5H 崩塌槽区（挖方边坡 1）	28 ~ 53	26
4	WY18 溶塌巨石混合体区	54 ~ 56	3
5	WY68 危岩区	57	1
6	5H 馈源塔边坡区	58 ~ 60、89、90	5
7	WY15 危岩区	61 ~ 88	27
8	1H 馈源塔边坡中部	91 ~ 99	8

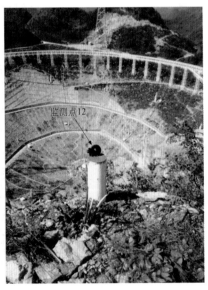

图 9.2　FAST 台址变形监测点照片

9.4　长期监测结果分析

9.4.1　1H 馈源塔边坡区监测结果分析

　　除监测点号为 88 以后的监测点监测次数为 20 次之外，其余监测点均为 21 次。1H 馈源塔边坡区共 33 个变形监测点，边坡坡顶 25 个，中部 8 个。边坡坡顶主体区 17 个，崩塌槽区 5 个，机房区 3 个，监测点分布如图 9.3 所示。

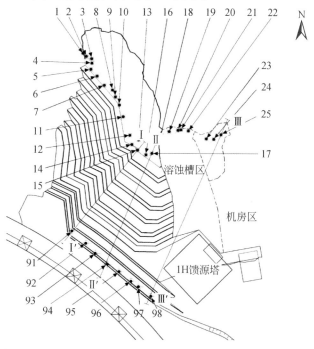

图 9.3　FAST 台址 1H 馈源塔边坡监测点分布（图中数字为监测点编号）

　　图 9.3 中，Ⅰ-Ⅰ′剖线经过监测点 15 和 91，Ⅱ-Ⅱ′剖线经过监测点 17 和 94，Ⅲ-Ⅲ′剖线经过监测点 25 和 98，3 个剖线经过的监测点水平变形速度如图 9.4 所示，所有监测点水平位移见表 9.8。

表 9.8　FAST 台址 1H 馈源塔边坡水平位移监测统计表

序号	测点位置	测点号	监测次数	水平位移累计变形量			水平位移变形方向
				X/mm	Y/mm	S/mm	
1	1H 高边坡坡顶	1H-1	21	−2.74	−5.96	6.56	S24.7° W
2		1H-2	21	−7.01	−2.11	7.32	S73.2° W

序号	测点位置	测点号	监测次数	水平位移累计变形量			水平位移变形方向
				X/mm	Y/mm	S/mm	
3		1H-3	21	−5.94	−9.94	11.58	S30.9° W
4		1H-4	21	−4.77	−9.03	10.21	S27.8° W
5		1H-5	21	−5.39	−7.78	9.46	S34.7° W
6		1H-6	21	−5.89	−6.03	8.43	S44.3° W
7		1H-7	21	−4.50	−3.07	5.45	S55.7° W
8		1H-8	21	−6.11	−4.77	7.51	S52.0° W
9		1H-9	21	−4.92	−3.88	6.27	S51.6° W
10		1H-10	21	−4.33	−6.25	7.60	S34.7° W
11		1H-11	21	−3.80	−5.41	6.61	S35.1° W
12		1H-12	21	−3.57	−3.98	5.35	S41.9° W
13		1H-13	21	−6.37	−1.98	6.67	S72.7° W
14	1H 高边坡坡顶	1H-14	21	1.90	−4.29	4.69	E66.1° S
15		1H-15	21	−3.75	−4.96	6.22	S37.1° W
16		1H-16	21	−4.50	−4.48	6.35	S42.7° W
17		1H-17	21	−2.17	−6.70	7.04	S17.9° W
18		1H-18	21	−3.57	−7.15	7.99	S26.5° W
19		1H-19	21	−2.94	−5.79	6.49	S26.9° W
20		1H-20	21	−4.67	−3.05	5.58	S56.9° W
21		1H-21	21	−3.49	−4.11	5.39	S38.4° W
22		1H-22	21	−0.41	−6.83	6.84	S4.1° W
23		1H-23	21	−2.94	−7.42	7.98	S45.3° W
24		1H-24	21	−4.48	−4.63	6.44	S53.5° W
25		1H-25	21	−2.43	5.68	6.18	S23.2° W
26		1H-91	20	−4.70	−0.70	4.75	S81.5° W
27		1H-92	20	−3.80	−2.40	4.49	S57.7° W
28	1H 高边坡中部	1H-93	20	−3.50	−3.20	4.74	S47.6° W
29		1H-94	20	−3.10	−3.30	4.53	S43.2° W
30		1H-95	20	−0.90	−4.30	4.39	S11.8° W

续表

序号	测点位置	测点号	监测次数	水平位移累计变形量			水平位移变形方向
				X/mm	Y/mm	S/mm	
31	1H 高边坡中部	1H-96	20	−1.00	−4.60	4.71	S12.3° W
32		1H-97	20	−1.10	−5.10	5.22	S12.2° W
33		1H-98	20	−4.10	−1.60	4.40	S68.7° W

注：表中 X 正方向为正东，负方向为正西；Y 正方向正北，负方向为正南

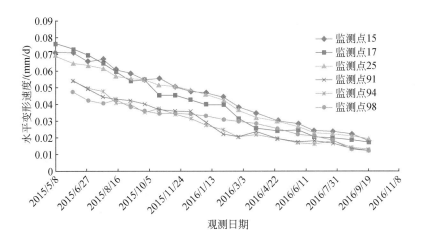

图 9.4　FAST 台址 1H 馈源塔边坡剖线监测点水平变形速度与时间关系

根据 33 个监测点的位移情况，结合图 9.4 可知，1H 馈源塔边坡坡顶平面位移主要集中在 10mm 以内，其中只有监测点 3 和 4 变形超过大于 10mm，中部平面位移全部集中在 6mm 以内；总体来看，坡顶监测点的水平位移和变形速度大于坡中监测点，所有监测点的水平变形速度都呈现出逐渐减小的趋势，并且均未超过 0.02mm/d。

9.4.2　5H 崩塌槽区

5H 崩塌槽区共 26 个变形监测点，其中边坡 14 个，崩塌槽区 12 个，监测点分布如图 9.5 所示。

Ⅰ-Ⅰ′剖线经过监测点 50 和 52，Ⅱ-Ⅱ′剖线经过监测点 35 和 47，Ⅲ-Ⅲ′剖线经过监测点 36 和 53，3 个剖线经过的监测点水平变形速度如图 9.6 所示，所有监测点水平位移见表 9.9。

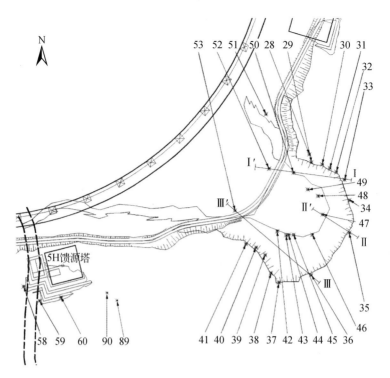

图 9.5　FAST 台址 5H 崩塌槽区监测点分布

表 9.9　FAST 台址 5H 崩塌槽区水平位移监测统计表

序号	测点位置	测点号	监测次数	水平位移累计变形量			水平位移变形方向
				X/mm	Y/mm	S/mm	
1		5HBTC-28	21	−4.91	−1.99	5.30	S67.9°　W
2		5HBTC-29	21	−4.94	−1.83	5.27	S69.7°　W
3		5HBTC-30	21	−4.25	−1.60	4.54	S69.4°　W
4		5HBTC-31	21	−5.74	0.13	5.74	W1.5°　N
5		5HBTC-32	21	−5.05	−1.41	5.24	S74.4°　W
6		5HBTC-33	21	−5.14	−4.15	6.60	S51.1°　W
7	5H 崩塌槽	5HBTC-34	21	−4.54	−2.66	5.26	S59.6°　W
8		5HBTC-35	21	−4.35	−4.40	6.19	S44.7°　W
9		5HBTC-36	21	−8.41	−0.20	8.41	S88.5°　W
10		5HBTC-37	21	−10.31	−1.60	10.43	S82.3°　W
11		5HBTC-38	21	−6.23	2.29	6.64	W20.2°　N
12		5HBTC-39	21	−5.14	2.69	5.80	W27.6°　N
13		5HBTC-40	21	−3.57	3.75	5.18	W46.4°　N

续表

序号	测点位置	测点号	监测次数	水平位移累计变形量			水平位移变形方向
				X/mm	Y/mm	S/mm	
14		5HBTC-41	21	−3.98	−0.90	4.08	S77.3°W
15		5HBTC-42	21	−7.51	1.98	7.77	W14.8°N
16		5HBTC-43	21	−4.33	1.85	4.71	W23.1°N
17		5HBTC-44	21	−4.95	1.85	5.29	W20.5°N
18		5HBTC-45	21	−7.42	1.02	7.49	W7.8°N
19		5HBTC-46	21	−5.50	1.36	5.67	W13.9°N
20	5H 崩塌槽	5HBTC-47	21	−4.20	−1.80	4.59	S66.8°W
21		5HBTC-48	21	−3.64	−1.74	4.03	S64.5°W
22		5HBTC-49	21	−3.79	−3.30	4.09	S49.0°W
23		5HBTC-50	21	−5.04	−3.88	6.36	S52.4°W
24		5HBTC-51	21	−2.98	−1.00	3.14	N71.4°W
25		5HBTC-52	21	−2.31	−0.80	2.44	S70.9°W
26		5HBTC-53	21	−2.74	−2.10	3.45	S52.5°W

注：表中 X 正方向为正东，负方向为正西；Y 正方向正北，负方向为正南

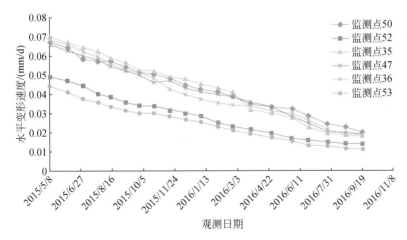

图 9.6　FAST 台址 5H 崩塌槽区剖线监测点水平变形速度与时间关系

　　根据 26 个监测点的位移情况，结合图 9.6 可知，5H 崩塌槽区监测点平面位移主要集中在 10mm 以内，只有监测点 37 大于 10mm，其中路基边坡监测点 51、52 和 53 的平面位移均未超过 4mm；所有监测点的变形速度都在不断减小，路基边坡上的监测点 51、52 和 53 的变形速度明显小于其他监测点，所有监测点的变形速度均未超过 0.03mm/d。

9.4.3　WY15 危岩区

WY15 危岩区共 30 个变形监测点，监测点分布如图 9.7 所示。

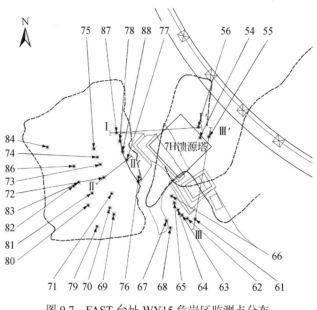

图 9.7　FAST 台址 WY15 危岩区监测点分布

Ⅰ-Ⅰ′剖线经过监测点 87 和 56，Ⅱ-Ⅱ′剖线经过监测点 77 和 72，Ⅲ-Ⅲ′剖线经过监测点 55 和 61，3 个剖线经过的监测点变形速度如图 9.8 所示，所有监测点位移见表 9.10。

表 9.10　FAST 台址 WY15 危岩区水平位移监测统计表

序号	测点位置	测点号	监测次数	水平位移累计变形量			水平位移变形方向
				X/mm	Y/mm	S/mm	
1		WY18-54	21	2.10	2.60	3.34	N38.9° E
2		WY18-55	21	2.10	1.10	2.37	N62.4° E
3		WY18-56	21	1.50	2.70	3.09	N29.1° E
4		WY15-61	21	2.20	−5.10	5.55	N67.1° W
5	WY15 边坡	WY15-62	21	8.00	−2.00	8.25	N14.2° W
6		WY15-63	21	−3.40	−5.30	6.30	S57.8° W
7		WY15-64	21	−2.10	−7.10	7.40	S73.2° W
8		WY15-65	21	−3.50	−6.30	7.21	S60.7° W
9		WY15-66	21	−2.80	−4.40	5.22	S57.7° W

续表

序号	测点位置	测点号	监测次数	水平位移累计变形量			水平位移变形方向
				X/mm	Y/mm	S/mm	
10		WY15-67	21	1.30	−8.10	8.20	N80.6° W
11		WY15-68	21	−4.80	−6.60	8.16	S54.0° W
12		WY15-69	21	−3.70	−5.20	6.38	S54.5° W
13		WY15-70	21	−5.30	−3.20	6.19	S30.8° W
14		WY15-71	21	−0.40	6.40	6.41	S86.5° E
15		WY15-72	21	−2.90	−4.50	5.35	S57.4° W
16		WY15-73	21	−0.60	5.70	5.73	S83.9° E
17		WY15-74	21	−5.20	2.30	5.69	S24.0° E
18		WY15-75	21	−1.60	−6.20	6.40	S75.9° W
19		WY15-76	21	−0.60	5.40	5.43	S84.1° W
20	WY15边坡	WY15-77	21	5.70	−6.20	8.42	N47.3° W
21		WY15-78	21	−2.00	−3.20	3.77	S57.6° W
22		WY15-79	21	−2.40	6.20	6.65	S69.0° E
23		WY15-80	21	−1.20	−8.40	8.49	S81.9° W
24		WY15-81	21	−3.60	−5.20	6.32	S55.3° W
25		WY15-82	21	1.00	−3.50	3.64	N73.4° W
26		WY15-83	21	3.60	−7.30	8.14	N63.5° W
27		WY15-85	21	−4.70	0.30	4.71	S4.0° E
28		WY15-86	21	3.60	2.30	4.27	N32.2° E
39		WY15-87	21	−4.60	−4.10	6.16	S41.2° W
30		WY15-88	21	0.50	−5.60	5.62	N84.5° W

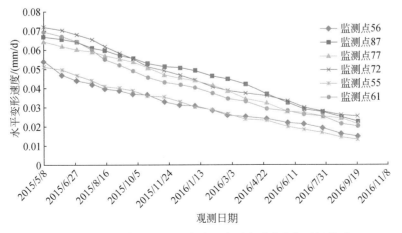

图 9.8 FAST 台址 WY15 危岩区水平变形速度与时间关系

根据 30 个监测点的位移情况，结合图 9.8 可知，WY15 危岩区监测点平面位移全部集中在 0 ~ 10mm，其中路基边坡监测点 54、55 和 56 的平面位移同样均未超过 4mm；所有监测点的变形速度都在不断减小，路基边坡上的监测点 54、55 和 56 的变形速度明显小于其他监测点，所有监测点的变形速度均未超过 0.02mm/d。

9.4.4　5H 馈源塔边坡区

5H 馈源塔边坡区共 5 个变形监测点，监测点分布如图 9.5 所示，监测点水平位移见表 9.11，监测点变形速度如图 9.9 所示。

表 9.11　FAST 台址 5H 馈源塔边坡水平位移监测统计表

序号	测点位置	测点号	监测次数	水平位移累计变形量			水平位移变形方向
				X/mm	Y/mm	S/mm	
1		5H-58	21	−1.80	−3.80	4.20	S64.5° W
2		5H-59	21	−4.20	−1.90	4.61	S24.2° W
3	5H 馈源塔	5H-60	21	−5.20	−2.50	5.77	S25.6° W
4		5H-89	20	−1.00	−5.40	5.49	S79.1° W
5		5H-90	20	−0.20	−5.40	5.40	S87.4° W

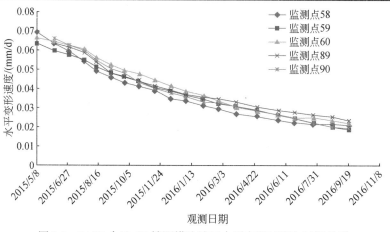

图 9.9　FAST 台址 5H 馈源塔边坡区水平变形速度与时间关系

根据 5 个监测点的位移情况，结合图 9.9 可知，5H 馈源塔边坡区平面位移均在 6mm 之内；所有监测点的变形速度都在不断减小，变形速度均未超过 0.03mm/d。

9.4.5　监测点变形速度拟合

分别选取监测点 1H-17、5HBTC-35、WY15-72 和 5H-58，这 4 个监测点分别为各区域的变形速度与时间关系图中初始变形速度最大的监测点，对其采用指数函数进行拟合，拟合结果如图 9.10 所示。

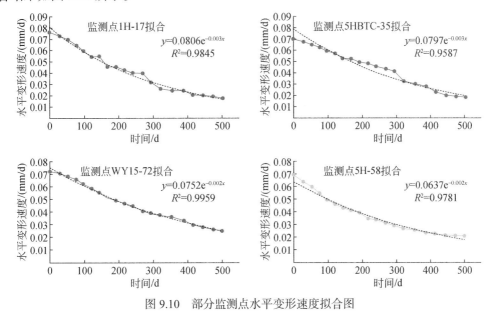

图 9.10　部分监测点水平变形速度拟合图

根据各监测点水平变形速度拟合公式，预测未来变形速度如图 9.11 所示。

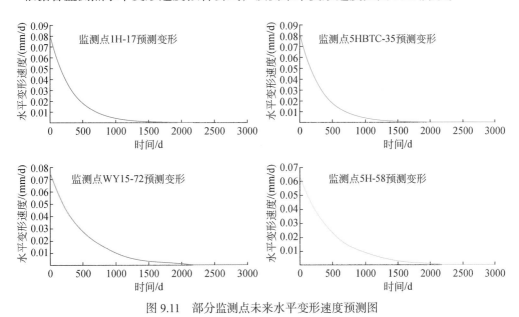

图 9.11　部分监测点未来水平变形速度预测图

从变形速度预测图中可以看出，监测点 1H-17 和 5HBTC-35 在第 2000d 时，水平变形速度已经趋于 0，监测点 WY15-72 和 5H-58 在第 2500d 时，水平变形速度趋于 0，即预计 2022 年变形将趋于停止。

9.5　锚索应力计监测

除了上述变形监测外，贵州地质工程勘察设计研究院对 WY18 抗滑桩和 1H 馈源塔边坡上的锚索进行了应力监测。

9.5.1　WY18 抗滑桩上的锚索应力计数据及分析

WY18 抗滑桩上的锚索应力计分布如图 9.12 所示，应力计自左至右编号分别为 151134、151139、151121、151151、151160，其中 151160 物理性损坏，无法修复。

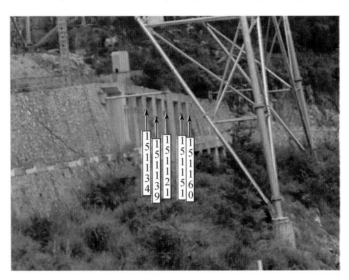

图 9.12　WY18 抗滑桩监测锚索应力计布置图

监测点数据见表 9.12 ~ 表 9.15。

表 9.12　锚索应力计 151134 监测点数据

出厂编号：151134	仪器型号 TRC-MS-04A		计算公式：$F=K \times (f_t^2 - f_0^2)$		率定系数： $K=-1.06 \times 10^{-3} \mathrm{kN/Hz}^2$
日期（年.月.日）	频率 /Hz				应力值 /kN
	红	黄	蓝	白	平均值	
2014.03.04	1808.9	1695	1760	1779.3	1760.8	120.2
2014.04.04	1807.5	1693	1758.4	1777.8	1759.2	126.16
2014.05.06	1808.2	1692.1	1753.5	1776	1757.5	132.53
2014.06.06	1807.5	1691.2	1752	1775	1756.4	136.58

表 9.13　锚索应力计 151139 监测点数据

出厂编号：151139	仪器型号 TRC-MS-04A		计算公式： $F = K \times (f_i^2 - f_0^2)$		率定系数： $K = -1.05 \times 10^{-3} \text{kN/Hz}^2$	
日期（年.月.日）	频率 /Hz					应力值 /kN
	红	黄	蓝	白	平均值	
2014.03.04	1650.9	1714.7	1696.4	1712.4	1693.6	152.69
2014.04.04	1650.6	1714.5	1696.5	1710.1	1692.9	155.09
2014.05.06	1647.3	1713.8	1696.2	1709.1	1691.6	159.79
2014.06.06	1648.7	1711.5	1696.1	1709.3	1691.4	160.23

表 9.14　锚索应力计 151121 监测点数据

出厂编号：151121	仪器型号 TRC-MS-04A		计算公式： $F = K \times (f_i^2 - f_0^2)$		率定系数： $K = -1.06 \times 10^{-3} \text{kN/Hz}^2$	
日期（年.月.日）	频率 /Hz					应力值 /kN
	红	黄	蓝	白	平均值	
2014.03.04	1649.8	1720.4	1706.8	1712.8	1697.5	247.9
2014.04.04	1648.8	1720.3	1704.2	1712.5	1696.5	251.52
2014.05.06	1647.9	1718.9	1703.7	1711.4	1695.5	255.02
2014.06.06	1648.1	1717.5	1702.1	1710.9	1694.7	258.02

表 9.15　锚索应力计 151151 监测点数据

出厂编号：151151	仪器型号 TRC-MS-04A		计算公式： $F = K \times (f_i^2 - f_0^2)$		率定系数： $K = -1.01 \times 10^{-3} \text{kN/Hz}^2$	
日期（年.月.日）	频率 /Hz					应力值 /kN
	红	黄	蓝	白	平均值	
2014.03.04	1607.1	1751.5	1767.3	1667.3	1698.3	208.4
2014.04.04	1613.8	1750.7	1766.4	1666	1699.2	205.23
2014.05.06	1602.6	1749.6	1763.9	1662.7	1694.7	220.74
2014.06.06	1605.7	1747.8	1761.7	1660.4	1693.9	223.87

　　监测点变化趋势如图 9.13 和图 9.14 所示。

　　由监测结果可知，WY18 抗滑桩上的锚索受力呈现缓慢轻微增加的状态，且增加幅度呈现出减缓的趋势，锚索处于正常工作状态。

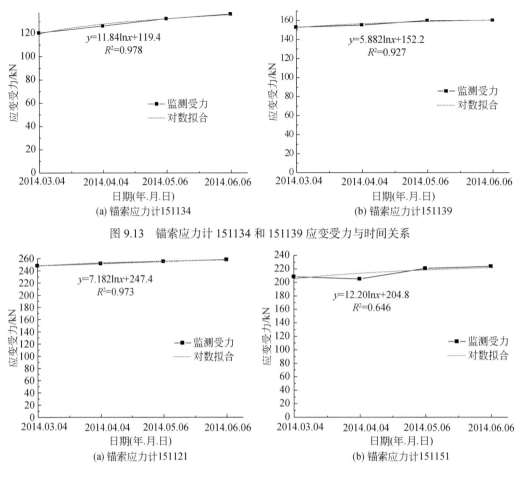

图 9.13　锚索应力计 151134 和 151139 应变受力与时间关系

图 9.14　锚索应力计 151121 和 151151 应变受力与时间关系

9.5.2　1H 馈源塔边坡锚索应力计数据及分析

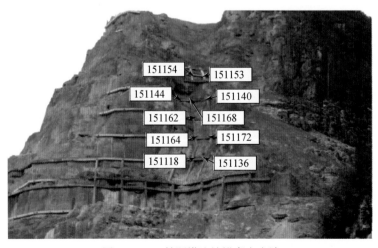

图 9.15　1H 馈源塔边坡锚索应力计

　　1H 馈源塔边坡锚索应力计分布如图 9.15 所示，应力计编号分别为 151154、151144、151168、151162、151164，151118、151153、151140、151172、151136。

　　监测点数据见表 9.16 ~ 表 9.25。

表 9.16　锚索应力计 151154 监测点数据

出厂编号：151154	仪器型号 TRC-MS-04A		计算公式： $F=K \times (f_i^2 - f_0^2)$		率定系数： $K=-9.71 \times 10^{-4}\text{kN/Hz}^2$	
日期（年.月.日）	频率 /Hz					应力值 /kN
	红	黄	蓝	白	平均值	
2014.03.04	1739.7	1735.1	1757	1767.5	1749.8	31.3
2014.04.04	1738.9	1734.8	1756.1	1766.6	1749.1	33.72
2014.05.06	1738.4	1733.3	1755.7	1766	1748.4	36.27
2014.06.06	1738.1	1734.5	1755	1765.6	1748.3	36.48

表 9.17　锚索应力计 15144 监测点数据

出厂编号：151144	仪器型号 TRC-MS-04A		计算公式： $F=K \times (f_i^2 - f_0^2)$		率定系数： $K=-1.04 \times 10^{-3}\text{kN/Hz}^2$	
日期 （年.月.日）	频率 /Hz					应力值 /kN
	红	黄	蓝	白	平均值	
2014.03.04	1777.9	1729.8	1760.9	1754.7	1755.8	15.3
2014.04.04	1778	1729.5	1760.1	1754	1755.4	16.82
2014.05.06	1777.1	1728.8	1759.6	1753.8	1754.8	18.92
2014.06.06	1776.5	1728.1	1758.2	1753.1	1754.0	22.23

表 9.18　锚索应力计 15168 监测点数据

出厂编号：151168	仪器型号 TRC-MS-04A		计算公式： $F=K \times (f_i^2 - f_0^2)$		率定系数： $K=-1.03 \times 10^{-3}\text{kN/Hz}^2$	
日期 （年.月.日）	频率 /Hz					应力值 /kN
	红	黄	蓝	白	平均值	
2014.03.04	1730.5	1780.9	1790.9	1772.8	1768.8	11.1
2014.04.04	1729.9	1779.9	1790	1771	1767.7	14.86
2014.05.06	1729.5	1779.8	1789.8	1771.6	1767.7	14.94
2014.06.06	1728.9	1779.3	1789.1	1771.4	1767.2	16.65

表 9.19　锚索应力计 151162 监测点数据

出厂编号：151162	仪器型号 TRC-MS-04A		计算公式： $F=K \times (f_i^2 - f_0^2)$		率定系数： $K=-9.67 \times 10^{-4}\text{kN/Hz}^2$	
日期 （年.月.日）	频率 /Hz					应力值 /kN
	红	黄	蓝	白	平均值	
2014.03.04	1746.2	1747.6	1729	1792.8	1753.9	17.3
2014.04.04	1745.1	1747.1	1731.8	1792.2	1754.1	16.82
2014.05.06	1744.7	1746.7	1728.2	1791.7	1752.8	20.97
2014.06.06	1744.1	1745.3	1727.1	1791.2	1751.9	22.04

表 9.20　锚索应力计 151164 监测点数据

出厂编号：151164	仪器型号 TRC-MS-04A		计算公式：$F=K \times (f_i^2 - f_0^2)$		率定系数：$K=-9.93 \times 10^{-4} kN/Hz^2$	
日期 （年 . 月 . 日）	频率 /Hz					应力值 /kN
	红	黄	蓝	白	平均值	
2014.03.04	1782	1747.6	1759.8	1740.5	1757.5	−15.6
2014.04.04	1781.8	1747.4	1759.4	1740.4	1757.3	−14.81
2014.05.06	1781.4	1747.1	1759	1740.2	1756.9	−13.68
2014.06.06	1781.7	1746.6	1758.6	1740.1	1756.8	−12.64

表 9.21　锚索应力计 151158 监测点数据

出厂编号：151158	仪器型号 TRC-MS-04A		计算公式：$F=K \times (f_i^2 - f_0^2)$		率定系数：$K=-1.08 \times 10^{-3} kN/Hz^2$	
日期 （年 . 月 . 日）	频率 /Hz					应力值 /kN
	红	黄	蓝	白	平均值	
2014.03.04	1785.6	1687	1785.1	1724.3	1745.5	32.1
2014.04.04	1784.8	1686.4	1784	1723.5	1744.7	35.24
2014.05.06	1784.1	1685.6	1783.4	1722.7	1744	37.97
2014.06.06	1783.5	1684.9	1782.7	1722.2	1743.3	40.63

表 9.22　锚索应力计 151153 监测点数据

出厂编号：151153	仪器型号 TRC-MS-04A		计算公式：$F=K \times (f_i^2 - f_0^2)$		率定系数：$K=-9.76 \times 10^{-4} kN/Hz^2$	
日期 （年 . 月 . 日）	频率 /Hz					应力值 /kN
	红	黄	蓝	白	平均值	
2014.03.04	1747.1	1733.5	1743.9	1746.5	1742.8	11.1
2014.04.04	1746.6	1732.9	1743.3	1746.2	1742.3	12.77
2014.05.06	1749.9	1732.4	1742.3	1746	1742.7	11.41
2014.06.06	1747.1	1731.6	1741.5	1745.2	1741.4	15.94

表 9.23　锚索应力计 151140 监测点数据

出厂编号：151140	仪器型号 TRC-MS-04A		计算公式：$F=K \times (f_i^2 - f_0^2)$		率定系数：$K=-1.09 \times 10^{-3} kN/Hz^2$	
日期 （年 . 月 . 日）	频率 /Hz					应力值 /kN
	红	黄	蓝	白	平均值	
2014.03.04	1729	1796.4	1756.6	1684.3	1741.6	32.1
2014.04.04	1728.2	1795	1755.1	1683	1740.3	36.81
2014.05.06	1727.8	1794.3	1754.3	1683.7	1740	37.95
2014.06.06	1727.3	1793.6	1754.1	1683.5	1739.6	39.25

表 9.24　锚索应力计 151172 监测点数据

出厂编号：151172	仪器型号 TRC-MS-04A		计算公式： $F=K \times (f_i^2 - f_0^2)$		率定系数： $K=-9.72 \times 10^{-4} kN/Hz^2$	
日期 （年.月.日）	频率/Hz					应力值/kN
	红	黄	蓝	白	平均值	
2014.03.04	1713	1729.8	1763.1	损坏	1735.3	90.8
2014.04.04	1710.6	1729.0	1762.7	损坏	1734.1	94.81
2014.05.06	1709.4	1728.9	1762.1	损坏	1733.5	96.94
2014.06.06	1708.7	1728.4	1761.8	损坏	1733	98.59

表 9.25　锚索应力计 151136 监测点数据

出厂编号：151136	仪器型号 TRC-MS-04A		计算公式： $F=K \times (f_i^2 - f_0^2)$		率定系数： $K=-1.03 \times 10^{-3} kN/Hz^2$	
日期 （年.月.日）	频率/Hz					应力值/kN
	红	黄	蓝	白	平均值	
2014.03.04	1771.8	1780.2	1708.1	1738.9	1749.8	18.95
2014.04.04	1771.5	1779.9	1708.5	1738.1	1749.5	19.85
2014.05.06	1771.1	1778.8	1708	1737.6	1748.9	22.11
2014.06.06	1771.6	1778.2	1707.4	1737	1748.6	22.7

监测点变化趋势如图 9.16 ～ 图 9.20 所示。

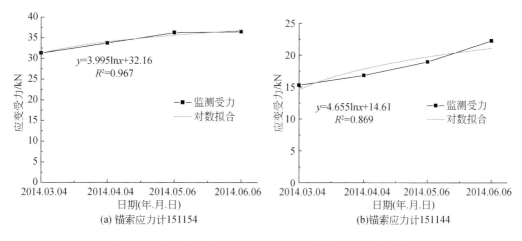

图 9.16　锚索应力计 151154 和 151144 应变受力与时间关系

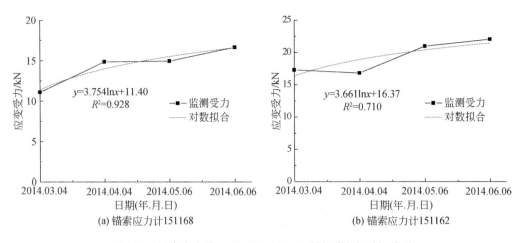

图 9.17　锚索应力计 151168 和 151162 应变受力与时间关系

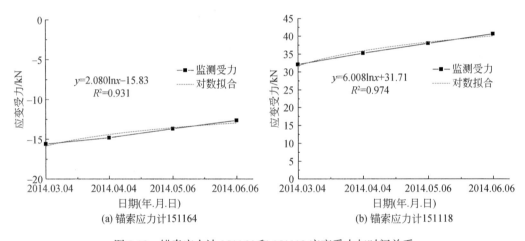

图 9.18　锚索应力计 151164 和 151118 应变受力与时间关系

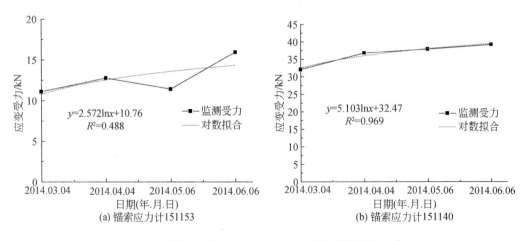

图 9.19　锚索应力计 151153 和 151140 应变受力与时间关系

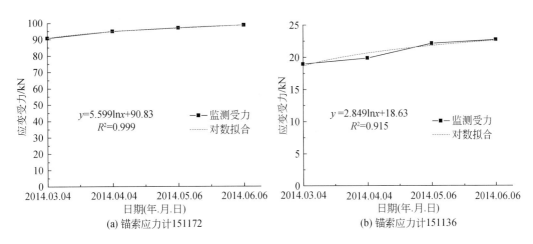

图 9.20　锚索应力计 151172 和 151136 应变受力与时间关系

由监测结果可知，1H 馈源塔边坡锚索受力同样呈现缓慢轻微增加的状态，且增加幅度呈现出减缓的趋势，锚索处于正常工作状态。其中 151164 锚索应力计数据异常，但数据变化范围及趋势正常，推测是出厂时数据有误造成的，1H 馈源塔边坡锚索整体受力情况良好。

9.6　本章小结

在本次监测之前，贵州地质工程勘察设计研究院于 2014 年 1 月 ~ 2015 年 7 月对 FAST 台址进行了第一阶段共 14 期次的稳定性监测。在小窝凼回填区布设共 15 个测点，1H 馈源塔边坡区共布设 41 个监测点，5H 崩塌槽高边坡区共布设 50 个监测点，WY15 和 WY18 区域共布设 47 个监测点，合计 155 个监测点。监测结果累计平面位移主要集中在 0 ~ 10mm 和 10 ~ 20mm，监测结果显示只有少部分监测点的累计平面位移达到 20 ~ 30mm，这可能是各个边坡均有需人为扶尺调平棱镜辅助完成的监测点测量，从而导致的误差。根据监测点位移变化的趋势可以看出，初期位移与时间基本保持线性增长的关系，中后期基本呈现缓慢来回浮动的趋势，未出现任何异常跳动。

根据贵州地质工程勘察设计研究院的监测结果，结合 2015 年 4 月 16 日 ~ 2016 年 9 月 20 日共计 21 期次监测，可得如下结论：

（1）所有监测点都呈现出趋于稳定的趋势，绝大部分监测点的平面位移均在 10mm 以内，仅 3 个监测点平面位移略超过 10mm。

（2）从监测统计结果来看，监测点初期变化速度较快，随着时间的推移，各监测点变形速度均呈现逐渐减小的趋势，未出现异常，FAST 台址处于整体稳定状态。

（3）产生位移的影响因素。各监测区域主要受到以下因素影响：①开挖卸荷形成的边坡，通过锚喷支护后新形成的坡面和山体结构，原有的岩体、上坡的平衡状态被迫改变，新形成的土石方施工面在土质岩性及地形条件下必将重新调整而产生自然变形；②受边坡自身重力作用影响会产生一定的变形；③新形成的山体结构常年经受降水冲刷、渗透及四季温差变化的影响，致使边坡产生一定的自然沉降及水平位移。

（4）由锚索应力计监测结果可知，WY18 抗滑桩上的锚索和 1H 馈源塔边坡锚索受力状态呈现收敛趋势，锚索处于正常工作状态。

（5）台址稳定性评价。2014 年 1 月～2015 年 7 月的累计位移，水平位移绝大多数集中在 0～10mm 和 10～20mm；而本次监测中，2015 年 4 月～2016 年 9 月的共 97 个监测点累计位移，只有 3 个监测点的水平位移略超过 10mm，其余均在 10mm 甚至 5mm 以内，说明 FAST 台址区的变形呈现减小和速度呈现减慢的趋势，表明大射电望远镜目前和未来相当长一段时间内的正常运行不会受到不良地质灾害的影响。

第10章 开挖系统灾害预警系统建立

10.1 概　　述

灾害预警，是指某一灾害发生的地点和时间基本确定，将要威胁到某区域，从而向该区域一定范围内发出警报的过程。地质灾害预警系统是以数理统计为基础，分析灾害发生的现象、标志和变量；以岩土力学为基础，分析灾害形成演化的动力，探索成因机理、诱发机理和动力学过程；以地理信息科学为预警预测平台，依据周边地质灾害事件的相关数据库和信息量作为预测判断区域灾害事件的发生趋势；以统计学、应用数学、岩土力学、地理信息科学和信息技术等多学科为基础，并结合灾害分析和处理而形成的灾害预警预报系统[67-69]。

从 FAST 台址区危岩、溶塌巨石混合体、高陡边坡及降水量的长期监测出发，基于空间和时间上研究灾害可能发生的趋势。在空间上预测灾害发生的区域和发生规模，在时间上结合岩土体自身的变形规律与降水时间及降水量大小进行判断，给出台址区灾害在某一时段将要发生的可能性大小，建立预警机制。最大限度地避免次生灾害对台址区的威胁，确保 FAST 的安全运行。

本章着重讨论台址区灾害发生的控制因素与初步建立台址区预警预报系统，为台址区未来稳定性长期监测提供一定依据。

10.2　开挖系统安全控制因素分析

10.2.1　气象因素

地质灾害和降水类型及强度有密切关系，对地质灾害影响较大的主要是连续性降水和暴雨。相关统计分析表明，连续性降水诱发地质灾害占发生量的 65%，局地暴雨诱发地质灾害占发生量的 34%。连续性降水诱发地质灾害主要原因如下：多日的降水，土层含水饱和，岩土体软化和自重增加，强度降低，加之雨水沿缝隙渗入岩土体破面，摩擦力和黏聚力降低，导致地质灾害发生。连续性降水由于雨强较小，雨水缓慢渗入土壤，地质灾害一般是在降水过程中或降水结束发生。暴雨由于雨强大，迅速侵蚀和通过空隙渗透使岩土体内在的摩擦阻力和黏聚力较快降低，在其自身重力的作用下失去原有的稳定状态，发生地质灾害，由暴雨诱发的地质灾害往往在当日或次日发生。如果前期有连续性降水，之后再出现暴雨，或连续性降水中出现暴雨，就更容易引发地质灾害。

　　而前期降水偏少和偏多都会促进地质灾害的发生，前期长时间的持续干旱致使地表土体疏松，抗剪力大大减小，一旦出现较强降水，雨水很快沿裂隙下渗，造成坡体不稳定，地质灾害容易发生。前期降水偏多，地表岩土体的含水量趋于饱和，一旦出现强降水天气，地表岩土体重量很快超过其有效负载的承受极限，从而诱发地质灾害。

　　FAST 台址区属亚热带季风湿润气候。年平均降水量 1259.0mm，集中于下半年。年平均降水日数 174.5 天，日降水量 ≥ 5.0mm 的日数 57.1 天，暴雨日 3.6 天，大暴雨日 0.3 天。最大一日降水量曾达 172.0mm。台址区降水量总体不大，难形成连续多日暴雨条件。但在台址区域存在大量岩溶裂隙管道，即使在少量降水条件下也能够很快将雨水疏导入岩体内部，影响岩土体的稳定性。而表层土壤由于开挖后植被被清除，在降水条件下也容易被冲刷，造成水土流失，会造成洼地底部淤积大量表土，阻塞排水隧道，更严重的将引起底部被淹，造成重要仪器设备的损坏。因此，采取相应措施掌握台址区气象的变化情况、预报其发展趋势是必要的，也是确保 FAST 工程安全运行的重要手段之一。

10.2.2　地质环境因素

　　根据前期 FAST 台址区地质调查，在周边地区仅发育少量的岩溶塌陷和小型崩塌灾害，且主要分布在播进—八挂—高务—打多沿线。新近的崩塌灾害主要发生在播进—八挂一带，而在大窝凼内地质体较为稳定。

　　在台址区场地内有三条断层展布，其中董当断层规模较大，为一张性正断层，且从台址中部通过，对其两侧岩层有一定的影响，使得产状变陡，发育多组节理裂隙。但该断层挽近期内没有活动迹象，不会对台址区的安全形成威胁。并且周边地区无大型活动断裂经过。但节理裂隙的切割，使得洼地内发育大量危岩体，会对 FAST 工程造成影响。

　　在台址区球冠面开挖过程中，清除了大量对反射面促动器存在威胁的危岩体及溶塌巨石混合体，并加固开挖后形成的高陡边坡。但在开挖过程中爆破会扰动原山体的自然状态，岩土体为达到新的平衡必然会产生一定的调整和变形，甚至产生新的潜在危岩体。同时岩溶溶蚀、差异性风化等自然作用，也可能会使大窝凼洼地内产生新的地质灾害。

10.2.3　人为因素

　　人类活动是引发岩质崩塌的主导因素，降水次之。通常岩质崩塌多发生在坡度大于50°、坡高均大于 10m 的斜坡地段，坡面凹凸不平，岩体较破碎，节理裂隙发育。且崩塌预兆不明显，发生速度快，过程短，不易防范，危险性极大。

　　在台址区圈梁柱以上均为大于 50° 的边坡群，开挖还形成 1H 馈源塔与挖方边坡 1 两处超 100m 的超高边坡。在修建过程中，开挖毁林造成地表植被减少，直接导致生态环境的恶化，次生灾害也随之增多。加之环形道路的修建，在原本没有平地的洼地内只能通过削坡挖角来创造建造场地，这改变了原坡体的形状和坡脚的大小，坡体前缘出现临空面，从而使得坡体的应力重新分布并出现应力集中现象等。

开挖过程中对危岩采取直接清除的方法，而对溶塌巨石混合体则采用微型桩加固，针对切削坡脚则利用锚杆、挡墙等支护手段保障其稳定性。但由于洼地开挖面积大，不良地质数量众多，破坏方式也各异。虽经过多种手段的治理，也难以确保其在长期条件下的稳定性问题。必须采取长期监测手段，监测其变形破坏的发展，并建立相应的预警预报体系，以便在第一时间发现并清除危险源，保障 FAST 工程的安全运行。

10.3　开挖系统预警系统建立

在 FAST 工程中，对台址区安全产生影响的主要是多种危岩体的威胁，以及暴雨可能产生的内涝及诱发地质灾害的危险。针对这些危险源必须制定一套灾害预警系统，在灾害发生前提前做出相应措施，以避免灾害发生给 FAST 工程带来的重大损失。该预警系统采取以下路线建立，如图 10.1 所示。

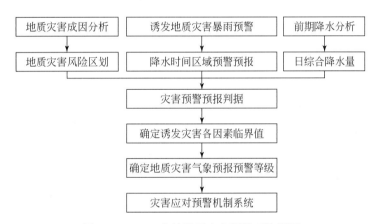

图 10.1　FAST 台址地质灾害预警系统框图

10.3.1　地质灾害预警

1. 地质灾害类型

贵州地区拥有独特的地质环境条件，在构造应力场、地下水运移场、地质体风化与卸载等地质作用下表现出较强的地域特色。大部分地区地质环境脆弱，在人为干扰活动下，极易导致地质灾害的发生。

台址区内主要为质地较坚硬的碳酸盐岩类岩石，由于差异性风化、构造应力的切割及溶蚀作用等，在大窝凼洼地高陡边坡及陡崖上存在大量易失稳的危岩及溶塌巨石混合体，是台址区主要的地质灾害。

由于台址区位于贵州省岩溶发育最强烈的区域，受岩溶作用的影响，在洼地内多处存在溶蚀裂隙，这些裂隙形成的空腔与构造应力作用下的节理裂隙共同作用形成危岩体，进一步促使灾害的发生。这些危岩是潜在的崩塌体，但在短时间内的变形破坏仍需具备一定的外界动力条件，降水、地下水动态作用及人为活动等动力条件因素都会对其产生影响。

在开挖系统建造过程中，大部分危岩体及边坡被清除或被加固处理，但新的危险源依然会随着时间的发展而出现。

2. 灾害信息资料收集

利用原有监测点进行位移监测，收集各个点变形位移信息数据。对于新产生的灾害点必要时可以增设新的监测点。监测内容主要为变形监测、相关因素监测、变形宏观前兆监测。

变形监测以采集危岩体、堆积体、边坡等位移形变信息为主，包括地表相对位移动态监测、地表绝对位移动态监测、深部位移监测和倾斜度动态监测。相关因素监测，主要是针对引发危岩崩塌和变形的相关因素，植被覆盖率的变化、表层风化程度、人类活动及冻融作用等。变形宏观前兆监测，主要是采集区域宏观异常信息，监测包括宏观变形、坡体前缘鼓胀和剪出、局部土体坍塌等异常活动现象。

3. 预警预报判据

影响危岩体崩塌的不利因素是非确定的，甚至是突发性的。但在其整体失稳之前存在一个加速变形破坏的阶段。因此，需要知道危岩体进入加速变形前的一些定性和定量的判据，以便做出预警判断和决策。

短期前兆监测成果资料是首要的预警指标参考，能够准确地反映变形破坏特征信息。被监测岩土体的位移总量、位移速率、位移加速度、岩体倾斜偏移情况等可作为预警预报的参数指标之一。

地表裂缝的发生、分布、开度与深度、贯通情况及趋势等也是预警的重要指标。

4. 预警预报方法

（1）开展台址区地质灾害风险性区划，确定降水影响系数。综合分析各个危险区在降水条件下诱发地质灾害的频率，得出影响地质灾害发生程度的降水影响系数。

（2）分析前期（周边地区）降水对岩质崩塌灾害的影响，得到日综合降水量。

（3）依据日综合降水量，分析地质灾害与气象因素的关系，研究确定地质灾害气象预报预警依据，研究地质灾害与降水过程的关系，确定降水过程的临界值，作为气象预报预警的判据。

10.3.2　突发水害预警

1. 地质灾害暴雨类型

在气象学中，把日降水量≥ 50mm 的降水称为暴雨，日降水量≥ 100mm 称为大暴雨，日降水量≥ 250mm 称为特大暴雨。考虑雨强后，把 1 小时降水量≥ 50mm 的降水称为短时暴雨，1 小时降水量≥ 100mm 的降水称为短时特大暴雨。

诱发地质灾害的暴雨同时受降水强度和降水持续时间的影响。当降水强度很大时，即使降水持续时间很短，也能诱发地质灾害；同样，降水强度不大，但降水持续时间很长时，也能诱发地质灾害。小时降水量和累计降水量，反映了降水强度和降水持续时间。

将小时降水量和累计降水量指标结合，用来划分诱发地质灾害暴雨类型，分为短临强雨型暴雨、连续强雨型暴雨和持续降雨型暴雨。

短临强雨型暴雨，是指介于短时（<12 小时）和临近（<2 小时）的时段，降水一开始，小时降水量就在 10mm 以上，最大雨强在 40mm 以上，降水持续几个小时就结束，在几个小时之内累计降水量达到 50 ~ 80mm，甚至在 100mm 以上。

连续强雨型暴雨，是指在短期（小于 36 小时）和短时（12 小时左右），出现两次或多次强降水，中间有数小时间隔，强降水小时降水量在 20 ~ 40mm，有时甚至更大，累计降水量达 60 ~ 80mm，甚至在 100mm 以上。地质灾害经常发生在第二次强降水之后。该类降水强度大、累计降水量大、短时间内会受多次强降水的袭击，容易诱发各类地质灾害。

持续降雨型暴雨，是指在短期（大于 24 小时）以上降水持续不断，且降水平稳、强度小。

2. 降水量信息资料收集

在预警预报时，首先需要收集以下相关降水资料，以保证预警工作的准确性：

（1）历史降水量资料。包括平塘县历史逐日降水量监测资料，以及每日逐小时降水量监测资料。

（2）收集实时降水量监测资料。

（3）收集降水量预报资料。借助雷达监测资料、相关降水量预报产品，包括未来 1 小时、3 小时、6 小时、12 小时和 24 小时的短时临近降水量预报，用于未来降水条件下洼地积涝预报。

3. 预警预报判据

临界降水量值是当最小为多少降水量时在台址区会诱发灾害的值。当台址区的降水量大于该临界值时，会发生一个或者多个灾害。临界降水量值的获得是通过统计台址周边地区以前发生淹没、次生灾害等发生时降水量值。

将临界降水量值和发生灾害指数相结合，当降水量小于临界值时，台址区不需要进行预警；而当降水量大于该值时，台址区需要进行预警工作。

台址区预警分级采用国土资源厅同中国气象局联合规定的 5 级，并且采用地质灾害预报预警习惯用语，即预报级、临报级、警报级。同时采用气象预报时段，即短期预报、短时预报和临近预警进行分级（表 10.1）。

表 10.1　降水预报预警分级

预报预警等级	1	2	3	4	5
	可能性较小	可能性小	可能性较大预报级	可能性大临报级	可能性很大警报级
预报预警时段	24 小时短期预报				
			12 小时短时预报		
				6 小时短时预报	
					2 小时临近预警

4. 预警预报方法

（1）通过历史监测降水量和预报降水量，计算临界降水量值 R。根据临界降水量值确定台址区是否有可能发生地质灾害。

（2）若临界降水量值 $R \geqslant 0$，结合台址区危险性区划，计算研究每个区地质灾害发生指数，从而确定灾害发生的可能性大小和可能发生的地点，并进一步划定预警预报区域和等级。

（3）发布预警结果，结合预警群测群防网络体系，直接通知监测责任人，做好防灾、避灾的准备。

10.3.3 预警系统工作架构

1. 预警指标分级

预警指标以实测降水量、预报降水量、消能池水位、危岩体位移变形等作为主要指标。以实测、预报、危及工程安全程度等确定预警级别。预警指标体系模式见表 10.2。

表 10.2 台址区预警指标体系

判别要素 \ 警报级别	一级	二级	三级	四级	五级
	满足以下条件之一				
实测降水量	$P_1>120mm$	$P_1>100mm$	$P_1>80mm$	$P_1>50mm$	$P_1>30mm$
	$P_6>150mm$	$P_6>120mm$	$P_6>100mm$	$P_6>80mm$	$P_6>50mm$
	$P_{24}>200mm$	$P_{24}>150mm$	$P_{24}>120mm$	$P_{24}>100mm$	$P_{24}>80mm$
预报降水量	$P_前=0 \sim 50mm$, $P_后>200mm$	$P_前=0 \sim 50mm$, $P_后>150mm$	$P_前=0 \sim 50mm$, $P_后>100mm$	$P_前=0 \sim 50mm$, $P_后>80mm$	$P_前=0 \sim 50mm$, $P_后>50mm$
	$P_前>50mm$, $P_后>150mm$	$P_前>50mm$, $P_后>120mm$	$P_前>50mm$, $P_后>100mm$	$P_前>50mm$, $P_后>80mm$	$P_前>50mm$, $P_后>30mm$
危岩体位移变形	$Q_峰 \geqslant 100$ 年	$Q_峰 \geqslant 50$ 年	$Q_峰 \geqslant 20$ 年	$Q_峰 \geqslant 10$ 年	$Q_峰 \geqslant 3$ 年
累积位移量	$S \geqslant 15mm$	$S \geqslant 10mm$	$S \geqslant 8mm$	$S \geqslant 5mm$	$S \leqslant 5mm$
受威胁面积	$A \geqslant 50m^3$	$A \geqslant 30m^3$	$A \geqslant 20m^3$	$A \geqslant 10m^3$	$A \leqslant 10m^3$
消能池水位	$H \geqslant 4.0m$	$H \geqslant 3.0m$	$H \geqslant 2.0m$	$H \geqslant 1.0m$	$H \leqslant 1.0m$

注：P_1=1 小时内降水量；P_3=3 小时内降水量；P_6=6 小时内降水量；P_{24}=24 小时内降水量；$P_前$=前期已降水量；$P_后$=预报后期总降水量。$Q_峰 \geqslant 100$ 年表示洪峰流量大于等于 100 年一遇洪水，此类余同

一级为安全级预警，表示台址区内无灾害发生的可能性，台址区域内岩土体稳定。二级为注意级预警，表示台址区尚无灾害发生，但降水需引起警戒，可作出有可能发生灾害的醒示性警报。二级为警示级预警，表示灾害具有一定临灾特征，但暴发尚需其他客观条件，此时，应做好防灾减灾准备，通知有关工作人员加强监测和巡查。四级为警戒级预警，

表示降水和变形等要素足以引发灾害，临灾特性明显，灾害事件触发条件已具备，随时有暴发成灾的可能性，应做好防灾减灾准备，开展危险区预防应急措施。五级为警报级预警，表示降水量超过设计流量，洼地底部存在被淹没可能性，少量块石发生崩塌，灾害开始发生，应及时启动应急方案，做好避灾准备，采取必要的保护措施等。

2. 监测数据监控

对高陡边坡、危岩体、崩塌、溶塌堆积体等，采用 GPS、全站仪对布设好的监控点进行一日一次监测。监测、记录各个监控点的数据变化情况（图 10.2）。

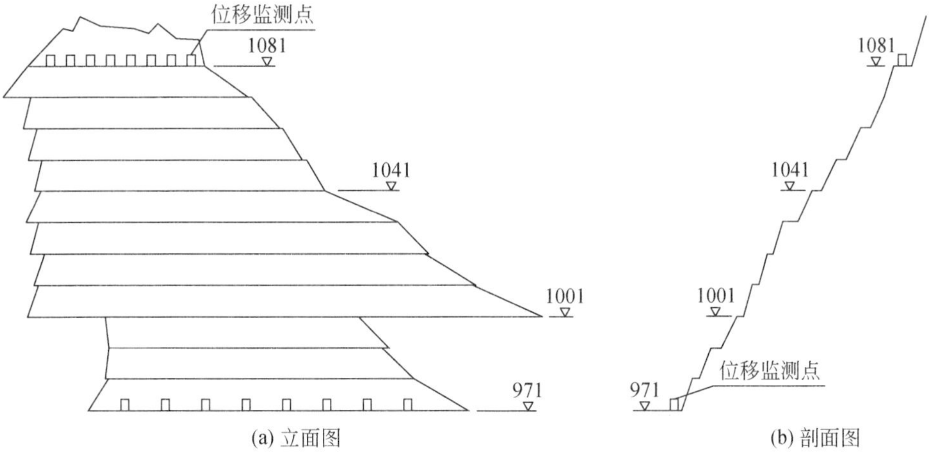

图 10.2　FAST 台址 1H 馈源塔边坡位移监测点布置示意图

在降水时，对底部消能池水位进行实时监控，监测消能池底部水位、淤积泥沙的变化情况（图 10.3）。

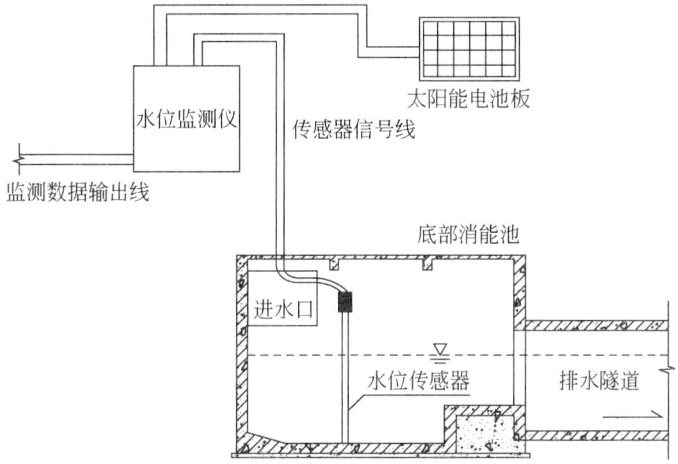

图 10.3　FAST 台址底部消能池水位自动监测示意图

3. 预警综合分析

在监测数据处理的基础上，根据该危岩体实际布设的监测类型匹配对应的预警方法。综合分析变形条件（切线角方法、累计位移、位移速率及累计位移加速度等），以及辅助判据条件（降水量、水位、土体含水量等），在此基础上计算分析台址区当前实时状态的预警结果，具体工作流程如图 10.4 所示。

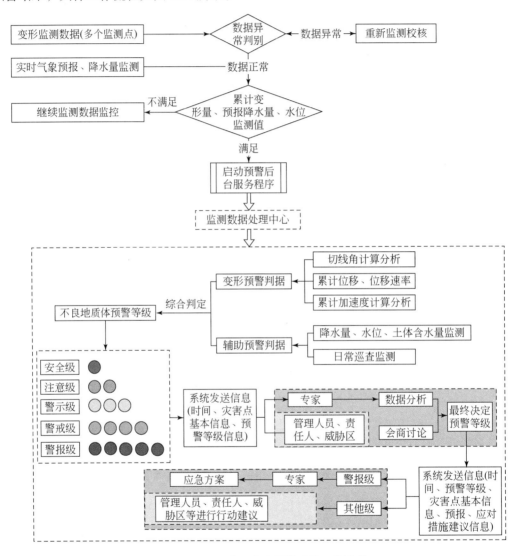

图 10.4　FAST 台址灾害预警系统工作流程

4. 预警信息发布

在得到不良地质体变形监测数据及降水预测结果后，通过专家过监测信息的确认和会商讨论后，给出是否发布地质灾害警报信息的最终决定。如果判定不需要发布，则可以将预警等级信息重新设置；如果最终决定发布预警，则应将事先做好的应急方案或行动建议发送至相应的接收人。

5. 预警结束

通过现场工作人员分析灾害现场情况后，由预警指挥专家确认灾害不会对相关人员和重要仪器设备再造成危害，确定本次预警工作结束。并进入下一个预警周期。

预警过程中若发生事故，应将发生的灾害事故上报给中国科学院国家天文台相关部门进行处理。若发生重大或特大事故，则按照现场预定的应急预案施展救灾措施。

10.4　本章小结

FAST 台址区不良地质情况复杂，危岩、溶塌巨石混合体及高陡边坡分布广泛，虽经前期开挖及加固手段，大部分不良地质体已被清除或被固结，但仍存在潜在威胁。为保障 FAST 长期稳定运行，必须建立台址区内的灾害预警系统。

通过借助先进的空间定位技术测量岩土体的变形，并结合气象观测预测未来暴雨发生情况及实时积水水位的变化，建立分级预警预报系统。根据预警系统发出预警信息，指导 FAST 台址区的灾害预警工作。同时加强日常巡视，定期清理消能池、排水沟淤积泥沙和残枝，注意监测地表异常现象。

参 考 文 献

[1] 黄龙. 大型望远镜指向精度及轴系技术研究 [D]. 成都：中国科学院研究生院 (光电技术研究所) 博士学位论文, 2016.

[2] 李旭鹏, 石进峰, 王炜, 等. 空间大口径主反射镜拼接化结构技术综述 [J]. 激光与光电子学进展, 2018, 55(3): 030002.

[3] 南仁东. 500m 球反射面射电望远镜 FAST[J]. 中国科学：物理学 力学 天文学, 2005, 35(5): 449-466.

[4] 姜鹏, 朱万旭. FAST 索网疲劳评估及高疲劳性能钢索研制 [J]. 工程力学, 2015, 32(9): 243-249.

[5] 钱宏亮, 范封, 沈世钊. FAST 反射面支承结构整体索网方案研究 [J]. 土木工程学报, 2005, 38(12): 18-23.

[6] 聂跃平. 探索宇宙奥秘的巨大 "天眼" ——贵州 500m 口径球面射电望远镜 (FAST) 工程遥感选址 [J]. 遥感学报, 2009, 13(增刊): 353-363.

[7] 沈志平, 杨振杰, 余能彬. 一种岩溶洼地陡崖崩塌防治结构 [P]. 中国, ZL201420099639. 2014.7.3.

[8] 沈志平, 朱军, 陈德茂. 一种岩溶洼地曲面暗渗排水结构 [P]. 中国, ZL2016200529414. 2016.6.8.

[9] 张建忠, 张建磊, 袁江文. 一种碳酸盐岩填方地基滞水结构 [P]. 中国, ZL2013105758213.2015.12.2.

[10] Morgenstern N R, Price V E. The analysis of the stability of general slip surfaces[J]. Geotechnique, 1965, 15(1): 33-37.

[11] 吴斌, 杨振杰, 王鸿. 岩溶洼地开挖设计关键技术的研究和应用 [J]. 科学技术与工程, 2015, 15(25): 187-191.

[12] 乔良, 郭鹏, 曾润强. 甘肃省冶力关国家森林公园地质灾害隐患分析 [J]. 兰州大学学报 (自然科学版), 2014, 50(4): 477-483.

[13] 陈洪凯, 鲜学福, 唐红梅. 危岩稳定性分析方法 [J]. 应用力学学报, 2009, 26(2): 278-284.

[14] 王敬勇, 石豫川, 王伍洲. 雅鲁藏布江街需水电站巨型危岩体基本特征及防治措施 [J]. 岩石力学与工程学报, 2014, 33(S1): 2635-2640.

[15] 缪世贤, 黄敬军, 武健强. 镇江大杨林岩溶塌陷及地裂缝灾害机理分析 [J]. 防灾减灾工程学报, 2013, 33(6): 679-685.

[16] 唐红梅, 王林峰, 陈洪凯. 软弱基座陡崖上危岩崩落序列 [J]. 岩土工程学报, 2010, 32(6): 205-210.

[17] 张苏民, 常士骠. 工程地质手册 [M]. 北京：中国建筑工业出版社, 2006.

[18] 周云涛. 三峡库区危岩稳定性断裂力学计算方法 [J]. 岩土力学, 2016, 37(S1): 495-499.

[19] 陈洪凯, 鲜学福, 唐红梅. 危岩稳定性分析方法 [J]. 应用力学学报, 2006, 26(2): 278-282.

[20] 殷跃平, 康宏达, 张颖. 链子崖危岩体稳定性分析及锚固工程优化设计 [J]. 岩土工程学报, 2000(5): 599-603.

[21] 刘宏, 宋建波, 向喜琼. 缓倾角层状岩质边坡小危岩体失稳破坏模式与稳定性评价 [J]. 岩石力学与工程学报, 2006, 25(8): 1606-1611.

[22] 一种岩溶地区危岩支撑加固装置 [P]. 中国, ZL201620655872.6.2016.12.7.

[23] 沈志平, 吴斌, 王鸿, 等. "桥改路" 方案在 FAST 工程中的应用 [J]. 公路, 2016(1): 42-46.

[24] 刘建蓓, 郭忠印, 胡江碧. 公路路线设计安全性评价方法与标准 [J]. 中国公路学报, 2010, 23(S): 28-35.

[25] 杨永红, 吕大伟, 符锌砂. 山区高速公路交通安全分析与改善措施研究 [J]. 公路, 2015, 1: 94-99.

[26] 中交第二公路勘察设计研究院 .JTG D30-2004 公路路基设计规范 [S]. 北京：人民交通出版社 , 2004.

[27] 中交第一公路勘察设计研究院 .JTG D20-2006 公路路线设计规范 [S]. 北京：人民交通出版社 , 2006.

[28] 交通运输部公路局 .JTG B01-2014 公路工程技术标准 [S]. 北京：人民交通出版社 , 2004.

[29] 余能彬，孙洪，王建忠 . 岩溶洼地岩堆卸荷补强结构 [P]. 中国 ,ZL201420610746.X.2015.3.18.

[30] 陆震，杨光，王启明，等 .FAST 望远镜主动反射面促动机构运动学研究 [J]. 北京航空航天大学学报 , 2006(2): 233-238.

[31] 沈志平，孙洪，杨振杰，等 .FAST 地锚基础工程中的若干问题探讨 [J]. 科学技术与工程 , 2017, 17(2): 252-255.

[32] 李辉，朱文白，潘高峰 .FAST 望远镜馈源支撑中的力学问题及其研究进展 [J]. 力学进展 , 2011, 41(2): 133-154.

[33] 金晓飞 .500 米口径射电望远镜 FAST 结构安全及精度控制关键问题研究 [D]. 哈尔滨：哈尔滨工业大学博士学位论文 , 2010.

[34] 李俊卫，黄玮征，王旭峰 .BIM 技术在工程勘察设计阶段的应用研究 [J]. 建筑经济 , 2015, 36(9): 117-120.

[35] 张建平，余芳强，赵文忠 .BIM 技术在邢汾高速公路工程建设中的研究和应用 [J]. 施工技术 , 2014, 43(18): 92-96.

[36] 海洋龙 . 基于 BIM 的露天矿矿岩运输系统模型构建及应用研究 [D]. 西安：西安建筑科技大学硕士学位论文 , 2015.

[37] 胡毓达 . 多目标决策：实用模型和选优方法 [M]. 上海：上海科学技术出版社 , 2010.

[38] 谭玉叶，宋卫东，李铁一 . 基于模糊判断矩阵赋权的采矿方法多目标决策优选 [J]. 采矿与安全工程学报 , 2014, 31(4): 551-557.

[39] 张晓丽，杨建强，常春影 . 多目标模糊优化方法及其在工程设计中应用 [J]. 大连理工大学学报 , 2005, 45(3): 374-378.

[40] 沈志平，孙洪，陈德茂 . 球冠构筑物球心和索网节点连线与地面交点坐标的解析方法 [P]. 中国 ,201510635154.2.2015.11.25.

[41] 沈志平，余能彬，朱军 . 一种球冠形体岩土开挖剖面信息表达方法 [P]. 中国 ,201510635197.0.2016.1.3.

[42] 段黎 . 贵州喀斯特岩溶洼地内岩堆体成因分析及稳定性分 [J]. 贵州大学学报 (自然科学版), 2014, 31(6): 61-64.

[43] 殷跃平，李廷强，唐军 . 四川省丹巴县城滑坡失稳及应急加固研究 [J]. 岩石力学与工程学报 , 2008, 27(5): 971-978.

[44] 洪敏康 . 土质学与土力学 [M]. 北京：人民交通出版社 , 2000.

[45] 张克恭，刘松玉 . 土力学 [M]. 北京：北京建筑工业出版社 , 2001.

[46] Cundall P. Ball-a program to model granular media using the distinct element method[R]. London: Dames and Moore Advanced Technology Group, 1978.

[47] Terzaghi K. Record earth pressure testing machine[J]. Engineering News Record, 1932, 109(29): 365-369.

[48] Fang Y S, Ishibashi I. Static earth pressures with various wall movements[J]. Journal of Geotechnical Engineering,ASCE, 1986, 112(3): 317-333.

[49] 沈志平，袁江文，朱军 . 岩堆整体补强加固结构 [P]. 中国 ,ZL201420610673.4.2015.1.21.

[50] 殷跃平，闫金凯，李滨，等 . 一种埋入式微型组合桩群及其抗滑设计方法 [P]. 中国 ,ZL201510092038.0.2015.2.22.

[51] 殷跃平，闫金凯，李滨，等 . 基于微型桩群的滑坡防治方法 [P]. 中国 ,ZL201110375464.7.2011.11.23.

[52] 沈志平，孙洪，陈德茂 . 一种岩溶岩堆锚杆补强支挡结构 [P]. 中国 ,ZL201620577528.X.2016.11.23.

[53] 王家臣，杜竞中 . 水平凸型边坡破坏分析 [J]. 中国矿业大学学报 , 1992, 21(2): 102-108.

[54] Baker R, Leshchinsky D. Stability analysis of conical heaps[J]. Soil and Foundations, 1987, 27(4): 99-110.

[55] Farzaneh O, Askari F, Ganjian N. Three-dimensional stability analysis of convex slopes in plan view[J]. Journal of Geotechnical And Geoenvironmental Engineering, 2008, 134(8): 1192-1200.

[56] 宋二祥 . 土工结构安全系数的有限元计算 [J]. 岩土工程学报 , 1997, 19(2): 4-10.

[57] Zienkiewicz O C, Humpheson C, Lewis R W. Associated and non-associated visco-plasticity in soil mechanics[J]. Géotechnique, 1975, 25(4): 671-689.

[58] Hoek E, Bray J. Rock Slope Engineering[M]. London and New York: Spon Press, 1981.

[59] 赵衡，宋二祥 . 圆形凸坡的稳定性分析 [J]. 岩土工程学报 , 2011(5): 730-737.

[60] 闫金凯，马娟，冯春 . FAST 台址巨石混合体边坡开挖稳定性分析 [J]. 中国地质灾害与防治学报 , 2012(2): 25-29.

[61] 沈志平，王鸿，吴斌 . FAST 台址岩溶洼地的排水对策 [J]. 水利水电技术 , 2016(4): 43-47.

[62] 沈志平，孙洪，余永康 . 一种岩溶洼地排水系统 [P]. 中国 ,ZL201410079870.2.2015.8.12.

[63] 王明章，王尚彦 . 贵州岩溶石山生态地质环境研究 [M]. 北京：地质出版社 , 2005.

[64] 宋德荣，杨思维 . 中国西南岩溶地区生态环境问题及其控制措施 [J]. 中国人口 , 资源与环境 , 2012, 22(5): 49-53.

[65] 田育新，李正南，周刚，等 . 开发建设项目借土场、弃渣场的分类、选择及防治措施布局 [J]. 水土保持研究 , 2005(2): 149-150.

[66] 沈志平，杨振杰，余能彬 . 一种岩溶洼地陡崖崩塌防治结构 [P]. 中国 ,ZL201420099639.5.2014.7.30.

[67] 岳建伟，王斌，刘国华 . 地质灾害预警预报及信息管理系统应用研究 [J]. 自然灾害学报 , 2008(6): 60-63.

[68] 怀军孙 . 滑坡预测预报的现状和发展趋势 [D]. 太原 : 太原理工大学硕士学位论文 , 2001.

[69] 罗力 . 三峡库区滑坡监测 GPS 统测构网研究及应用 [D]. 武汉 : 武汉大学博士学位论文 , 2013.

后　记

从我 2009 年第一次踏进大窝凼洼地起，已过去 8 年多时间。刘延东副总理在 FAST 落成启用仪式上宣读了习近平总书记的贺信。习近平总书记在贺信中称 FAST 为"中国天眼"，并鼓励参加"中国天眼"建设和运营的广大科技工作者"早出成果、多出成果，出好成果、出大成果"。我为有幸成为"中国天眼"六大系统中一个系统的主要设计研究人员感到非常荣幸。

我于 2009 年 6 月参加 FAST 工程台址开挖系统岩土工程设计投标工作。记得第一次和南仁东老师、殷跃平研究员、聂跃平研究员到大窝凼现场踏勘，正值寒冬腊月，大家挂着拐杖穿梭爬行在大窝凼的峰丛间、荆棘中。渴了，喝点随身携带的矿泉水；饿了，吃块饼干充饥。踏勘过程中南仁东老师坚持要爬到一点钟方向的山峰顶上，我和台址开挖系统副总工程师石雅镠同他一起登到了峰顶。在山顶上南仁东老师告诉我们，他希望 FAST 工程建成后不仅性能上要优于美国的 Arecibo，而且建造成本要和 Arecibo 差不多。当时我想，在这么大、地质条件又这么复杂的一个洼地修建世界上最大的"锅盖"，如何才能实现南老师的愿望呢？这个问题一直萦绕着我。在接下来的全国公开招投标中，我们的 FAST 台址开挖系统岩土工程设计投标方案获得了中国科学院国家天文台的高度肯定。南仁东老师对我们的投标方案也做出了这样的评价：这个投标方案很切合 FAST 的最初构想。言至于此，我心甚慰，不仅仅是因为能参与国家重大科学项目的建设，更是因为我们的构想得到了 FAST 之父南仁东的认可，同时也感觉到身上的担子和责任更加重大了。

我们对 FAST 台址开挖系统的设计研究工作始于 2009 年 6 月。由于台址大窝凼洼地发育在碳酸盐岩地下河系统中，水文地质和工程地质条件极为复杂，洼地内大量岩溶作用遗留的巨石堆积体、周围山体斜坡上的危岩体及高陡的地形都给 FAST 台址开挖系统的建设带来了前所未有的难题。为了有效地解决台址开挖系统的建设所遇到的各种技术难题，很多国内知名专家莅临指导，特别是著名地质灾害防治专家 FAST 开挖系统总工程师殷跃平为 FAST 台址开挖系统的建设付出了大量的辛勤劳动，给设计研究工作做了很多很好的指导。

FAST 是世界上最大的岩溶洼地工程，也是国内首例岩溶洼地工程，许多工程地质、水文地质问题在岩溶地区非常具有代表性。我们认为有必要将 FAST 台址开挖系统的科学技术问题进行提炼和总结，为大型岩溶洼地的综合利用提供可以借鉴的参考，为此形成了《FAST 开挖系统关键技术及安全性研究》一书。本书由贵州正业工程技术投资有限公司、中国科学院国家天文台、清华大学土木工程系、中国科学院遥感与数字地球研究所、中国地质环境监测院的专家、教授共同完成，凝聚着很多科研工作者和工程技术人员的心血。本书力争全面系统地反映 FAST 工程台址开挖系统建设的所有研究成果及岩土工程应用技术。同时也将此书献给南仁东老师，希望能够告慰他的在天之灵，并由衷地盼望 FAST 能为我国尽快成为天文强国做出贡献。

沈志平

2018 年 1 月 5 日